Lernen im Prozess der Arbeit

Waxmann Verlag GmbH
Steinfurter Straße 555, 48159 Münster
info@waxmann.com

Studienreihe Bildungs- und Wissenschaftsmanagement

Herausgegeben von
Anke Hanft

Band 7

Die Studienreihe ist hervorgegangen aus dem berufsbegleitenden internetgestützten Master-studiengang Bildungsmanagement (MBA) an der Carl-von-Ossietzky-Universität Oldenburg.
www.mba.uni-oldenburg.de

Peter Dehnbostel

Lernen im
Prozess der Arbeit

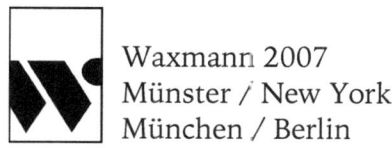

Waxmann 2007
Münster / New York
München / Berlin

Bibliografische Informationen der Deutschen Nationalbibliothek
Die Deutsche Nationalbibliothek verzeichnet diese Publikation in der
Deutschen Nationalbibliografie; detaillierte bibliografische Daten sind
im Internet über http://dnb.d-nb.de abrufbar.

ISSN 1861-3284
ISBN 978-3–8309-1798-4

© Waxmann Verlag GmbH, 2007
Postfach 8603, D-48046 Münster

www.waxmann.com
info@waxmann.com

Umschlaggestaltung: Pleßmann Kommunikationsdesign, Ascheberg
Satz: Stoddart Satz- und Layoutservice, Münster
Gedruckt auf alterungsbeständigem Papier,
säurefrei gemäß ISO 9706

INHALT

Vorwort 7

Einführung 10

1 Lernen in der Arbeit – Entwicklungen und Tendenzen 14
1.1 Renaissance des Lernens in der Arbeit 14
1.2 Wandel der Arbeit und die Zukunft des Berufsprinzips 17
1.3 Lernen in der Arbeit im Kontext betrieblicher Bildungsarbeit 20

2 Lernen, Kompetenzentwicklung und Reflexivität in
   Modernen Arbeitsprozessen 24
2.1 Theorieansätze zum Lernen in der Arbeit 25
2.2 Berufliche Handlungskompetenz 31
2.3 Kompetenzentwicklung und berufliches Handeln 34
2.4 Reflexivität und reflexive Handlungsfähigkeit 39

3 Arbeiten und Lernen verbinden 44
3.1 Modelle arbeitsbezogenen Lernens 44
3.2 Lern- und Wissensarten in der Arbeit 49
3.3 Beispielhafte Konzepte zur Verbindung von Arbeiten und Lernen ... 53
3.3.1 Das Lernstation-Konzept 55
3.3.2 Das Konzept der Arbeits- und Lernaufgaben 58
3.3.3 Das PETRA-Konzept 61

4. Lern- und kompetenzförderliche Arbeitsgestaltung 66
4.1 Kriterien lern- und kompetenzförderlicher Arbeit 66
4.2 Arbeiten und Lernen verbindende Lernformen inmitten
    der Arbeit 70
4.3 Den Arbeitsort als Lernort erschließen und gestalten –
    das Beispiel Lerninsel 74

5 Begleitung und Beratung in der Arbeitswelt 80
5.1 Wachsende Bedeutung von Begleitung und Beratung 80
5.2 Begriffsbestimmungen und Differenzierungen 82
5.3 Bildungsdienstleister als Begleiter und Berater 87
5.4 Beispielhafte Begleitungs- und Beratungskonzepte 91
5.4.1 Lernprozessbegleitung in der Arbeit – das Beispiel ITAQU 91
5.4.2 Arbeitnehmerorientiertes Coaching – das Beispiel KomNetz 95

6   Lernen in der Arbeit als Kern des beruflichen Bildungswegs 100
6.1   Analyse und Bewertung arbeitsbezogener Kompetenzen 101
6.2   Entwicklungs- und Aufstiegswege als beruflicher Bildungsweg 107
6.3   Das Beispiel des IT-Weiterbildungssystems 112

7   Europäischer und Deutscher Qualifikationsrahmen –
      Stärkung des Lernens in der Arbeit? 117
7.1   Das Konzept des Europäischen Qualifikationsrahmens (EQR) 118
7.2   Konturen eines Deutschen Qualifikationsrahmens (DQR) 122
7.3   Perspektiven für das Lernen im Prozess der Arbeit 125

Anhang

8   Stichwortverzeichnis 128

9   Glossar 130

10   Literaturverzeichnis 137

Vorwort

Bildungs- und Wissenschaftsorganisationen gelten als strukturkonservativ und träge, wenn es um die eigene Weiterentwicklung geht. In Universitäten werden seit Jahrhunderten Vorlesungen gehalten, auch wenn diese ihren hochschuldidaktischen Sinn spätestens mit der Verbreitung preisgünstiger Lehrbücher eingebüßt haben. In Schulen findet das Lernen im Stundenrhythmus statt, auch wenn die pädagogische Forschung längst erwiesen hat, dass der Lernerfolg durch flexiblere Unterrichtsstrukturen erhöht werden kann. Und Weiterbildung erfolgt in seminarförmigen Veranstaltungen, auch wenn seit langem bekannt ist, dass sich der größte Teil des Lernens informell vollzieht. Lernen in Schulen, Hochschulen und Weiterbildungseinrichtungen ist in Strukturen eingebettet, die über Generationen nahezu unverändert geblieben sind.

Warum das so ist, hat die Organisationsforschung vielfach untersucht und geklärt. Über verschiedene strukturelle Barrieren ist gewährleistet, dass Bildungseinrichtungen sich eben nicht jeder Umweltveränderung anpassen und dies auch durchaus seinen Sinn hat. Unter den Bedingungen sich nur langsam vollziehender Umweltveränderungen erweist sich der Strukturkonservatismus von Bildungseinrichtungen als durchaus funktional, denn die Kontinuität der Lehr- und Lernarbeit bleibt auch bei partiellen Anpassungsleistungen gesichert. In sich schnell verändernden Umwelten kann er allerdings dazu führen, dass die Lernbedarfe und Lernerfordernisse einer Gesellschaft nicht mehr ausreichend wahrgenommen werden. Dies scheint gegenwärtig der Fall zu sein. Die Wissensgesellschaft erfordert ein ständiges Lernen und verlangt von Bildungsanbietern, dass diese dabei unterstützend mitwirken. In herkömmlichen Lernstrukturen ist das nicht ausreichend zu gewährleisten.

Die Organisation, Durchführung und Evaluation von Lehrveranstaltungen als Kernaufgabe von Bildungsanbietern war über Jahrzehnte, wenn nicht gar Jahrhunderte, kaum größeren Veränderungsprozessen unterworfen. Das machte Managementaufgaben relativ einfach, konnten doch Anpassungen innerhalb bestehender Strukturen erfolgen. Hochschulen bewältigten Studierendenberge über eine zeitweilige Aufstockung ihres vorhandenen Personals, Weiterbildungseinrichtungen entwickelten neue Lernangebote in Abstimmung auf die jeweiligen Erfordernisse des Arbeitsmarktes, ohne an ihren Grundkonzepten rütteln zu müssen.

Angesichts der Herausforderungen der Wissensgesellschaft in einer zudem alternden Gesellschaft sind derartige Anpassungsleistungen an veränderte Anforderungen kaum noch hinreichend. Der vorliegende Band zeigt am Beispiel des Lernens im Prozess der Arbeit, dass wir uns gegenwärtig in einer Umbruchphase befinden, in der das zeitlich auf bestimmte Lebensphasen befristete Lernen durch das lebensbegleitende Lernen abgelöst wird. In der betrieblichen und beruflichen Bildung und Weiterbildung sind diese Entwicklungen bereits sichtbar, wie der Band eindrucksvoll dokumentiert. Der Bedeutungsanstieg des Lernens im Prozess der Arbeit fordert auch von Bildungsanbietern außerhalb der beruflichen und betrieblichen Bildung, die bestehenden (Lern-)Strukturen zu überprüfen und sich für neue Lernformen zu öffnen. Wie kann Lernen auch außerhalb traditioneller Strukturen unterstützt und gefördert werden? Welche Konsequenzen hat es, wenn das formelle Lernen durch andere arbeitsplatznahe Formen ersetzt oder ergänzt wird? Welche Risiken oder Chancen entstehen durch veränderte Lernanforderungen für die eigene Einrichtung? Dies sind die Fragen, die sich Manager und Managerinnen nicht nur in der betrieblichen und beruflichen Bildung, sondern auch in Hochschulen und Weiterbildungseinrichtungen stellen müssen.

Im vorliegenden Band werden die neuen Anforderungen an das Lernen nicht nur systematisch entwickelt, sondern anhand vieler Beispiele wird aufgezeigt, wie Bildungs- und Wissenschaftseinrichtungen auf gegenwärtige und zukünftige Herausforderungen reagieren und ihre Angebotsstrukturen erweitern bzw. ergänzen können. Dabei ist allerdings ihre Kreativität und Gestaltungsfähigkeit gefordert, denn die überwiegende Anzahl der Beispiele ist auf die berufliche und betriebliche Bildung und damit auf ein spezifisches Segment des Bildungsmarktes bezogen. Wesentlich wird es darauf ankommen, von diesen Beispielen zu lernen, um Potenziale für die Entwicklung der eigenen Einrichtungen auszuloten und neue Wege gehen zu können.

Was in der Weiterbildung angesichts ihrer flexibleren Strukturen und der seit längerem erforderlichen Marktausrichtung leichter realisierbar scheint, dürfte für Hochschulen zu einem größeren Problem werden. Lernen im Prozess der Arbeit scheint für sie auf den ersten Blick kein Thema zu sein, das sie unmittelbar berührt. Einer stärkeren Vernetzung mit der beruflichen (Weiter-)Bildung stehen sie sehr zurückhaltend gegenüber, obwohl der Erfolg der wenigen bestehenden dualen Studiengänge lehren sollte, dass solche Modelle zum Vorteil beider Seiten gelingen. Ihre Veränderungsbereitschaft dürften Hochschulen aber spätestens dann unter Beweis stellen müssen, wenn Bachelor-Absolventen nach einer Phase der beruflichen Tätigkeit einen weiteren akademischen Abschluss erwerben wollen, ohne ihre Berufstätigkeit unterbrechen zu wollen. Spätestens dann werden Hochschulen sich mit der Frage befassen müssen, ob und inwieweit sie das informelle Lernen am Arbeitsplatz wahrnehmen und als berufliche Kompetenz anerkennen bzw. gar in Form von Kreditpunkten auf Hochschulstudiengänge anrechnen wollen.

Eine bedeutsame Aufgabe für das Management von Bildungsorganisationen wird darin bestehen, den Strukturkonservatismus ihrer Einrichtungen zu überwinden und sich für neue Lernformen zu öffnen. Der Vernetzung mit anderen Bildungsanbietern und der eigenen strategischen Positionierung wird dabei ein hoher Stellenwert zukommen. Gegenüber anderen Organisationen haben Bildungs- und Wissenschaftseinrichtungen den Vorteil, dass ihre Mitarbeiter und Mitarbeiterinnen sich selbst wie kaum andere durch ihre Fähigkeit zum Lernen in der täglichen Arbeit auszeichnen. Lernen im Prozess der Arbeit kann als Schlüsselkompetenz der Beschäftigten dieser Institutionen gelten. Diese Selbstlernfähigkeit für die Entwicklung der eigenen Einrichtung zu nutzen, stellt das Management vor große Herausforderungen, denn ein aktives Veränderungsmanagement ist bislang kaum entwickelt.

Was können Bildungs- und Wissenschaftsmanager/innen aus dem vorliegenden Band lernen? Einerseits bietet er eine Fülle von Anregungen für die Weiterentwicklung der bislang überwiegend traditionell organisierten Lehr- und Lernangebote in Bildungseinrichtungen, Anregungen, die zu einer Erweiterung der Produktpalette führen können. Andererseits fordert er dazu auf, dem Lernen *in der* Organisation und *für die* Organisation größere Bedeutung beizumessen. Das Lernen im Prozess der Arbeit bewusst zu fördern und für die Entwicklung der eigenen Organisation nutzbar zu machen, ist eine Managementleistung, die in Bildungs- und Wissenschaftseinrichtungen überraschenderweise wenig entwickelt ist. Der vorliegende Band kann einen Beitrag dazu leisten, dass sich dies in Zukunft ändert.

Mit diesem Band wird ein weiterer Band der Studienreihe Bildungs- und Wissenschaftsmanagement vorgelegt. Die Reihe ist hervorgegangen aus den Studienmaterialien des berufsbegleitenden MBA-Studienganges „Bildungsmanagement" an der Universität Oldenburg, der sich an leitende Beschäftigte in Hochschulen, Weiterbildungs- und Wissenschaftsorganisationen richtet (www.mba.uni-oldenburg.de)

Anke Hanft

Einführung

In dieser Veröffentlichung geht es um das Lernen in der Arbeit oder präziser gesagt, um das Lernen im Prozess der Arbeit. Mit dem Verweis auf den Prozess wird betont, dass es sich um moderne Arbeit handelt, um ganzheitliche und prozessbezogene Arbeit, die neue Qualifikationen und Kompetenzen erfordert und ein arbeitsbezogenes Lernen in zuvor nicht gekannter Weise notwendig und möglich macht. Damit verbunden sind erhebliche Auswirkungen auf die Qualifizierung und Weiterbildung, insbesondere auf die beruflich-betriebliche Weiterbildung.

Die in den 1990er Jahren einsetzende Renaissance des Lernens in der Arbeit bedeutet nicht, dass das bisher in der Weiterbildung vorherrschende Lernen in Seminaren und Lehrgängen keine Rolle mehr spielt. Es wird durch das Lernen in oder bei der Arbeit gezielt ergänzt, zum Teil jedoch auch ersetzt. Wie und in welchem Umfang dies geschieht, ist von Branche zu Branche, von Betrieb zu Betrieb und von Beruf zu Beruf unterschiedlich. Entscheidend ist, was mit der Qualifizierung erreicht werden soll: Geht es vorrangig um eine Anpassungsqualifizierung im Rahmen betrieblicher Technik-, Struktur- und Organisationsinnovationen, geht es um eine berufliche Fortbildung auf der Basis anerkannter Weiterbildungsberufe oder um Entwicklungs- und Aufstiegswege im Rahmen der betrieblichen Personalentwicklung?

Ohne Kenntnis der Möglichkeiten und Chancen, aber auch der Probleme und Grenzen des Lernens im Prozess der Arbeit ist auf diese weitreichenden Fragen keine Antwort zu finden. Damit ist die allgemeine Zielsetzung für diesen Band bereits zum Ausdruck gebracht.

Allgemeine Zielsetzung
- In diesem Band sollen die Leserinnen und Leser Überblickswissen darüber erwerben, unter welchen Zielsetzungen und Bedingungen und in welchen Formen in der Arbeit gelernt wird und wie dieses Lernen in Qualifizierungskonzepte, in Berufsbildungsgänge und in die betriebliche und berufliche Weiterbildung insgesamt einzuordnen ist.
- Die Leserinnen und Leser sollen dazu befähigt werden, im Rahmen ihrer wissenschaftlichen Kompetenz das Lernen im Prozess der Arbeit konzeptionell zu gestalten und didaktisch-curricular in Qualifizierungs- und Berufsbildungskonzepten umzusetzen.

Warum hat das Lernen in der Arbeit bzw. im Prozess der Arbeit in jüngster Zeit solche Relevanz erhalten? Und: Ist das Lernen in der modernen Arbeitswelt im Vergleich zu früheren Zeiten generell wichtiger geworden? Ist es auch unter wirtschaftlichen Gesichtspunkten legitimierbar? Die letzte, auf die Ökonomie zielende Frage ist eindeutig zu bejahen, darin sind sich Theoretiker und Praktiker, Arbeitnehmer und Arbeitgeber und alle an der Weiterbildung Beteiligten einig. Lernen in der Arbeit wird vielerorts sogar als entscheidende Produktivkraft angesehen, die Innovations- und Wettbewerbsfähigkeit sichert. Vor dem Hintergrund gesellschaftlichen und betrieblichen Wandels ist das Lernen im Prozess der Arbeit für

Unternehmen zu einem wichtigen Wettbewerbsvorteil geworden. Verbesserungs- und Optimierungsprozesse, Qualitätssicherung, Wissensgenerierung und andere aktuelle Managementkonzepte und -methoden setzen voraus, dass unmittelbar im Prozess der Arbeit gelernt wird.

Unternehmen halten dieses Lernen größtenteils für wichtiger als das Lernen in Kursen, Lehrgängen und Seminaren außerhalb der Arbeit und häufig auch außerhalb der Betriebe. Dieser Perspektivenwechsel in der betrieblichen Weiterbildung findet in der Berufsbildung und in der Weiterbildungsforschung seinen Ausdruck in dem Begriffswandel von der Qualifizierung zur Kompetenzentwicklung. Es geht nicht mehr einseitig um die Vermittlung von fachwissenschaftlich bestimmten und schulisch oder seminarmäßig organisierbaren Qualifikationsinhalten, sondern um ganzheitliche, auf das Subjekt bezogene Kompetenzen, für deren lebensbegleitenden Erwerb das Lernen in der Arbeits- und Lebenswelt unerlässlich ist.

Wichtig ist dabei, dass die Fach-, Sozial- und Personalkompetenzen als prinzipiell gleichwertig angesehen werden, auch wenn die Fachkompetenzen für die berufliche Handlungsfähigkeit von besonderem Gewicht bleiben, drückt sich in ihnen doch die jeweils spezifische Beruflichkeit in besonderem Maße aus. Gleichwohl ist diese Beruflichkeit wiederum nur unter Integration der jeweiligen Sozial- und Personalkompetenzen einzulösen, die sich an den berufsbezogenen Inhalten und Handlungsfeldern ausrichten. Sozial- und Personalkompetenzen sind für den IT-System-Kaufmann ebenso wichtig wie für den Industriemechaniker, allerdings haben Kompetenzen wie Kommunikationsfähigkeit und Selbstreflexivität in ihrer Verbindung mit der jeweiligen beruflichen Ausrichtung notwendigerweise einen unterschiedlichen Stellenwert.

Unternehmensmitarbeiter mit umfassenden, in der Arbeit erworbenen beruflichen Kompetenzen verfügen über ein hohes Maß an Selbststeuerung, betrieblichem Zusammenhangswissen und Übersichtsdenken, ohne das eine ganzheitliche und weitgehend autonom zu gestaltende Arbeit nicht denkbar ist. Zugleich bietet der Kompetenzerwerb in der Arbeit für die Mitarbeiter durchaus individuelle Entwicklungschancen, da im Prinzip sowohl fachliche als auch soziale und personale Kompetenzen entwickelt werden. Allerdings stellt sich die Frage, von welcher Reichweite und Qualität diese Kompetenzen sind, inwieweit sie tatsächlich einen Beitrag zur Berufs- und Persönlichkeitsentwicklung leisten können. Dazu gilt es, nicht nur die Vorteile des Lernens im Prozess der Arbeit hervorzuheben, sondern auch die einschränkenden Bedingungen im Blick zu haben, unter denen es stattfindet. Die ökonomische Determiniertheit der betrieblichen Handlungsprozesse lässt zwangsläufig die Lernförderlichkeit der Arbeit in den Hintergrund treten, fördert die situative Abhängigkeit von den jeweiligen Arbeitsaufgaben und Arbeitsbedingungen und damit die Zufälligkeit und Beliebigkeit der Lernprozesse.

Für die betriebliche Personalentwicklung und Bildungsarbeit bedeutet die veränderten Arbeitsanforderungen und Qualifizierungsziele, dass herkömmliche Seminare und Lehrgänge in der Weiterbildung verstärkt durch Maßnahmen zur Herstellung lern- und kompetenzförderlicher Arbeit zu ergänzen sind. Diese Maßnahmen reichen von kleinen Verbesserungen der Arbeitssituationen zur Erhöhung der Lernchancen über die gezielte Erschließung und Gestaltung des Arbeitsorts als

Lernort bis hin zu neuen Lernformen in der Arbeit wie Lernstationen und Lerninseln. In jüngster Zeit werden zunehmend Coachs und Lernprozessbegleiter zur Intensivierung und Verstetigung der betrieblichen Weiterbildung eingesetzt.

Das informelle Lernen hat für die lern- und kompetenzförderliche Arbeit und die betriebliche Weiterbildung eine große Bedeutung. Im Unterschied zum formellen, organisierten Lernen stellt sich hier ein Lernergebnis ein, ohne dass es von vornherein angestrebt wird. Während Arbeitsvorgänge und Arbeitsaufgaben gezielt verrichtet werden, wird in diesem Arbeitsprozess sozusagen ‚en passant' oder beiläufig gelernt. Das informelle Lernen trägt wesentlich zu einer umfassenden beruflichen Handlungskompetenz bei. 60–80 Prozent des Berufkönnens einer betrieblichen Fachkraft werden nach einschlägigen empirischen Untersuchungen auf diese Weise erworben. Informelles Lernen führt zu Erfahrungswissen, wie es sich im Können des ‚alten Hasen', im intuitiv richtigen Arbeitshandeln, im Gespür oder Gefühl für Material, Maschinen, Systeme, Arbeitsabläufe und Kommunikationsprozesse und in der Expertise des erfahrenen Mitarbeiters zeigt. Es ist deutlich von einem technisch-rational begründeten Wissen zu unterscheiden. Erfahrungswissen ist in den meisten beruflichen Handlungs- und Entscheidungssituationen ausschlaggebend, da es das Handeln steuert. Ihm wird zudem eine hohe Problemlösefähigkeit zugeschrieben. Über organisierte Lernprozesse können Erfahrungswissen und damit verbundene Kompetenzen nicht oder nur bedingt erworben werden.

Die vorliegende Abhandlung stellt die angesprochenen Ziele, Chancen, Konzepte und offene Fragen des Lernens im Prozess der Arbeit dar und reflektiert sie im Kontext der Entwicklung des betrieblichen Bildungsmanagements und der Berufs- und Weiterbildung. Das **erste Kapitel** bietet einen Einblick in die Entwicklungsgeschichte und aktuelle Problemlagen des Lernens in der Arbeit, der zugleich der allgemeinen Orientierung über die Thematik dient. Auf die mit der Renaissance des Lernens in der Arbeit verbundene Infragestellung des Berufsprinzips und das Konzept der betrieblichen Bildungsarbeit wird besonders eingegangen.

Im **zweiten Kapitel** werden nach der Darstellung von Theorieansätzen zum Lernen in der Arbeit die für die betriebliche und darüber hinaus für die Weiterbildung insgesamt zentralen Begriffe der Kompetenz und Reflexivität im Zusammenhang mit veränderten Grundlagen des Lernens in der Arbeitswelt entfaltet. Die Entwicklung von Kompetenzen für den Erwerb einer umfassenden beruflichen Handlungskompetenz und eine beruflich-reflexive Handlungsfähigkeit stehen dabei im Mittelpunkt. Der Kompetenzerwerb über das berufliche Handeln wird in der Wechselbeziehung zwischen Struktur und Handlung betrachtet.

Die Verbindung von Arbeiten und Lernen behandelt das **dritte Kapitel** unter verschiedenen Gesichtspunkten. Ausgehend von Modellen arbeitsbezogenen Lernens geht es um Lern- und Wissensarten in der Arbeit sowie das Verhältnis von formellem und informellem Lernen. Innovative Konzepte zur Verbindung von Arbeiten und Lernen werden beispielhaft dargestellt. Das anschließende **vierte Kapitel** widmet sich den Kriterien, Lernformen und Verfahren zur lernförderlichen Gestaltung der Arbeit.

Das **fünfte Kapitel** thematisiert Begleitung und Beratung von Lernprozessen in der Arbeit und von Kompetenzentwicklung. Es werden beispielhaft Konzepte erläutert, die Begleitung und Beratung in die betriebliche Bildungsarbeit integrieren. Im **sechsten Kapitel** steht das schon historische Konzept des beruflichen Bildungswegs im Mittelpunkt, das durch die Renaissance des Lernens in der Arbeit neue Realisierungschancen gewinnt. Die Analyse und Bewertung von Kompetenzen ist für die Durchsetzung dieses Konzepts ebenso grundlegend wie der Ausbau beruflicher Entwicklungs- und Aufstiegswege. Das neue IT-Weiterbildungssystem mit der elementaren Einbeziehung des Lernens in der Arbeit stellt eine große Annäherung an dieses Konzept dar, ja könnte sogar dessen Durchsetzung in einer wichtigen Schlüsselbranche bedeuten. Das abschließende **siebte Kapitel** geht auf den Europäischen und den Deutschen Qualifikationsrahmen ein, die auf die Zukunft des Lernens in der Arbeit entscheidenden Einfluss haben werden. Insbesondere durch die Anerkennung des informellen Lernens wird das Lernen in der Arbeit auf den ersten Blick aufgewertet. Die einseitige Output- und Modulorientierung der europäischen Reformen legen allerdings eine andere Sichtweise nahe.

Die Inhalte und die Abschnitte dieser Abhandlung folgen in ihrer Anordnung und ihrem Aufbau einer Systematik, die sich vor allem aus dem Blickwinkel der betrieblichen Bildungsarbeit und des betrieblichen Bildungsmanagements sowie der Berufs- und Weiterbildung ergibt. Dabei erfolgt die Abhandlung auf der Basis wissenschaftlicher Erkenntnisse, die besonders aus aktuellen Entwicklungs- und Forschungsprojekten gewonnen wurden. Für die Leserinnen und Leser sollte der Text nicht zuletzt über die Auseinandersetzung mit eigenen Erfahrungen von Gewinn sein.

1 Lernen in der Arbeit – Entwicklungen und Tendenzen

Das Lernen in der Arbeit ist die älteste und am weitesten verbreitete Form beruflicher Qualifizierung. Hier ist der Arbeitsort zugleich Lernort. In der Meisterlehre und der traditionellen Beistelllehre, bei der die Auszubildenden einer Fachkraft zugeordnet sind, werden betriebs- oder berufsspezifische Arbeitstätigkeiten durch Imitation erlernt. Gleiches gilt für Weiterzubildende einer Anpassungsqualifizierung oder in sonstigen arbeitsgebundenen Anlernformen. Gelernt wird in der betrieblichen Arbeitssituation durch Zusehen, Nachmachen, Mitmachen, Helfen und Probieren bzw. durch die Simulation des Beobachteten. Das Lernergebnis hängt im Wesentlichen von den betreuenden Fachkräften am Arbeitsplatz ab, von den Arbeitsaufgaben und der individuellen Disposition und Motivation der Lernenden. Über dieses Lernen werden nicht nur Wissen und Fähigkeiten weitergegeben, sondern Gewohnheiten, Einstellungen, Werte. Lernen in der Arbeit ist damit prinzipiell mit Bildungsprozessen verbunden.

Mit veränderten Arbeits- und Organisationskonzepten vor dem Hintergrund des Übergangs von der Industriegesellschaft in die Wissens- und Dienstleistungsgesellschaft sprechen wir von einer Renaissance des Lernens in der Arbeit. Es kehrt eine Art des Lernens zurück, die historisch zum Arbeitsleben gehörte und erst mit industriell und tayloristisch organisierten Arbeitsstrukturen zunehmend an Bedeutung verlor. Im Folgenden wird zunächst ein genauerer Blick auf die Renaissance des Lernens in der Arbeit geworfen (1.1) und dann die Frage erörtert, ob ein verstärktes Lernen in der Arbeit mit der in Deutschland vorherrschenden Berufsform der Arbeit, dem sogenannten Berufsprinzip vereinbar ist (1.2). Der anschließende Abschnitt (1.3) stellt das Lernen in der Arbeit in den größeren Zusammenhang der betrieblichen Bildungsarbeit. Hier wird auch darauf eingegangen, wie das Lernen in der Arbeit auf die Persönlichkeitsentwicklung wirkt und inwieweit sich die These von der Kontingenz pädagogischer und ökonomischer Vernunft darüber begründen lässt.

1.1 Renaissance des Lernens in der Arbeit

In Deutschland stellt die Wiederentdeckung des Lernens in der Arbeit eine Trendwende in der Entwicklung der Berufsbildung und der Weiterbildung dar. Seit Beginn der industriellen Berufsausbildung im letzten Drittel des 19. Jahrhunderts wurde die berufliche Bildung bei gleichzeitiger Differenzierung zunehmend zentralisiert, systematisiert und reguliert. Die Berufsbildungs- und Qualifizierungsdiskussion ging bis weit in die 1980er Jahre von der Annahme weiterhin abnehmender Lernpotenziale und Lernchancen in der Arbeit aus, was für die zunehmend taylorisierte Industriearbeit auch zutraf. Eine Qualifizierung in der Arbeit wurde aus didaktisch-methodischen, aber auch aus arbeitsorganisatorischen und ökonomischen Gründen für immer weniger vertretbar gehalten. Als Alternative galt die Qualifizierung in zentralen Bildungsstätten, in denen systematisch und ohne störende Auswirkungen auf den Arbeitsablauf gelehrt und gelernt werden konnte. Auch im Handwerk, in dem ein auftragsbezogenes berufliches Lernen in der Arbeit vorherrschend blieb, wurden Lehrgangsformen und überbetriebliche Bildungsstätten mehr und mehr in die berufliche Bildung einbezogen. Faktisch nahm das formelle und organisierte Lernen in der Berufsbildung stetig zu, was sich lernorganisatorisch und strukturell u.a. in einem massiven Ausbau von betrieblichen, über- und außerbetrieblichen Bildungsstätten sowie von Bildungsgängen in berufsbildenden Schulen und auch im tertiären Bereich niederschlug.

Die Weiterbildung als allgemeine und politische Weiterbildung ordnete sich in diesen Ausbau formeller Bildung bruchlos ein; fand sie doch ohnehin in Bildungsstätten, Volkshochschulen und anderen zentralen Einrichtungen statt. Auch die seit den 1970er Jahren verstärkt aufkommende berufliche Weiterbildung erfolgte vorrangig in Lehrgängen, Kursen und Seminaren. Bildungspolitisch und konzeptionell wurde dies vor allem mit der damals allgemein akzeptierten Definition von Weiterbildung durch den Deutschen Bildungsrat begründet (1970, S. 30ff.). Er verstand unter Weiterbildung die „Wiederaufnahme organisierten Lernens nach Abschluss einer ersten Bildungsphase" im Rahmen des proklamierten „Bürgerrechts auf Bildung" und eines staatlich geplanten Ausbaus der Weiterbildung zur vierten Säule des Bildungswesens.

Mit der Einführung neuer Arbeits- und Organisationskonzepte und der damit verbundenen Reprofessionalisierung und Prozessorientierung von Facharbeit (vgl. Kern/Schumann 1984; Womack u.a. 1992) zeichnete sich eine Gegentendenz zur Zentralisierung der Berufsbildung und beruflichen Weiterbildung ab. Insbesondere Groß- und Mittelbetriebe forderten ein verstärkt arbeitsplatzbezogenes Lernen, weil man erkannte, dass das Lernen in modernen Arbeitsprozessen neue Qualifikations- und Bildungsmöglichkeiten jenseits des Taylorismus bietet (vgl. Dehnbostel u.a. 1992; Severing 1994). Die Abkehr von tayloristischen Arbeits- und Organisationsweisen seit den 1980er Jahren lässt sich als Weg „von einer funktions-/berufsorientierten zu einer prozessorientierten Betriebs- und Arbeitsorganisation" beschreiben (Baethge/Schiersmann 1998, S. 21). Die Renaissance des Lernens in der Arbeit ist auf diese veränderten Bedingungen und die damit verbundene wachsende Lern- und Prozessorientierung in der Arbeit zurückzuführen.

Lernen im Prozess der Arbeit

Mit der Einführung neuer Arbeits- und Organisationskonzepte seit den 1980er Jahren gewinnt das Lernen in der Arbeit wachsende Bedeutung für betriebliche Arbeits-, Verbesserungs- und Innovationsprozesse. Für Berufsbildung und betriebliche Weiterbildung bietet das Lernen in modernen Arbeitsprozessen neue Qualifikations- und Bildungsmöglichkeiten jenseits des in der Industriegesellschaft vorherrschenden Taylorismus. Auch wenn das berufliche Lernen in zentralen Bildungseinrichtungen wichtig und für ein komplexes Lernen unerlässlich bleibt, können Betriebs- und Arbeitsrealitäten dadurch nicht ersetzt werden. Beruflich hinreichend kompetentes Handeln ist nur in der Kombination von Lernorten in der Arbeit und Lernorten außerhalb der Arbeit zu erlangen.

Es hatte sich gezeigt, dass die zunehmende Auslagerung des Lernens aus der Arbeit die Kluft zwischen beruflicher Bildung und realen beruflichen Handlungsanforderungen vergrößerte, dass sie zu Lern- und Motivationsproblemen bei Aus- und Weiterzubildenden führte. Zwar sind Imitation und Simulation wichtige und für viele Arbeits-Lern-Situationen – seien sie hochkomplex oder sicherheitsgefährdend – unerlässliche methodische Herangehensweisen, Betriebs- und Arbeitsrealitäten können sie aber nicht ersetzen. Situations- und prozessbestimmte moderne Arbeitsanforderungen sind immer weniger antizipierbar und simulierbar, eine umfassende berufliche Handlungskompetenz ist in zentralen Bildungseinrichtungen nur bedingt einlösbar. Berufliches Lernen bleibt ohne die Bindung an reale Arbeitsinhalte und Arbeitsbedingungen einem formalen Bildungsverständnis verhaftet und führt allenfalls zu einer eingeschränkten beruflichen Handlungsfähigkeit.

Entscheidender aber als diese berufs- und betriebspädagogischen Argumente sind die ökonomisch-betriebswirtschaftlichen Gründe für die Neubewertung des Lernens in der Arbeit. Vor dem Hintergrund einer fortschreitenden Wissens- und Dienstleistungsgesellschaft und der damit einhergehenden Verbreitung neuer Informations- und Kommunikationstechnologien, der Abnahme manueller und der Zunahme wissensbasierter Arbeitstätigkeiten greifen herkömmliche betriebliche Rationalisierungsformen zu kurz. Der Ressource Wissen kommt für die Wertschöpfung eine immer wichtigere Rolle zu. Die wachsende Geschwindigkeit von ökonomischen, technologischen und soziokulturellen Veränderungen stellt Organisationen und Unternehmungen vor ständige Anpassungs- und Innovationsanforderungen. Über kontinuierliches Lernen in und von Organisationen sollen Innovation ermöglicht, Wissen aufgebaut und erweitert und letztlich Leistungs- und Wettbewerbsfähigkeit gestärkt werden. Lernen im Prozess der Arbeit und das darüber entstehende Wissen sind gegenwärtig für viele Experten unterschiedlichster Disziplinen und Professionen zur wichtigsten Produktivkraft in einer zunehmend kundenorientierten und globalisierten Ökonomie geworden.

Praktisch zeigen sich die Renaissance und der Bedeutungszuwachs des Lernens in der Arbeit in nahezu allen Bereichen der Berufsbildung und Weiterbildung: In der außerbetrieblichen Berufsbildung, aber auch in allgemeinbildenden Schulen und in Hochschulen haben der Bezug auf das Medium Arbeit und auf berufliche Inhalte zugenommen. In Unternehmen wird das selbst gesteuerte und erfahrungsbezogene Lernen im Prozess der Arbeit gefördert und dabei verstärkt mit organisiertem Lernen verbunden. Für Kleinbetriebe wird das Lernen in der Arbeit durch auftragsorientiertes Lernen und das Lernen in Verbünden und Netzwerken in Qualität und Breite erheblich verbessert. In Groß- und Mittelbetrieben wurden Qualifizierungszeiten am Arbeitsplatz erhöht und Arbeiten und Lernen integrierende Lernformen wie Qualitätszirkel und Lernstatt geschaffen. Aus Sicht der Unternehmen geht es bei all diesen Maßnahmen zur Stärkung des Lernens in der Arbeit vor allem darum, Verbesserungen und Optimierungen der Arbeitsorganisation, der Arbeitsprozesse und Arbeitsergebnisse zu fördern und voranzutreiben und auch darum, bisher ausgelagerte Lern- und Qualifizierungszeiten in die Arbeit zu reintegrieren.

1.2 Wandel der Arbeit und die Zukunft des Berufsprinzips

Die aktuelle Wertschätzung des Lernens in der Arbeit ergibt sich aus dem allgemeinen Wandel der Arbeit in der postindustriellen Gesellschaft, der vor allem durch die im Folgenden skizzierten Trends gekennzeichnet ist:

(1) Der wachsende Einfluss der Informations- und Kommunikationstechnologien

Die Informations- und Kommunikationstechnologien wirken in zweifacher Weise auf die Arbeit ein. Zum einen ist die rechnergestützte Arbeit zur Normalarbeit geworden, d.h. Computer und Computersysteme bilden ein notwendiges, selbstverständliches Arbeitsmittel. Die mit dieser informations- und kommunikationstechnologischen Durchdringung der Arbeit verbundenen Veränderungen schlagen sich sowohl in fachlichen als auch in sozialen und personalen Kompetenzen bzw. Kompetenzanforderungen nieder. Zum anderen ist die vernetzte rechnerintegrierte Organisation zum Normalsystem geworden, d.h. über informationstechnisch basierte Planungs- und Steuerungssysteme erfolgen Koordination und Abstimmung zwischen betrieblichen Abteilungen oder vernetzten Arbeitsgruppen und beeinflussen Dispositions- und Freiheitsspielräume sowie Kontroll- und Qualitätssicherungssyteme nachhaltig. Das hat erhebliche Auswirkungen auf die Arbeitsorganisation und -strukturierung sowie die Aufgabenumfänge und Aufgabenbearbeitung.

(2) Der wachsende Dienstleistungscharakter der Arbeit

Die Anreicherung der Arbeit durch Dienstleistungen nimmt – auch in klassischen Produktionsbereichen – in erheblichem Maße zu. Dabei geht es nicht vorwiegend um separate Dienstleistungen, sondern um die Integration von Dienstleistungen in die angestammte Arbeit. Zu unterscheiden ist zwischen den Dienstleistungen nach außen, also gegenüber dem herkömmlichen Kunden, und Dienstleistungen nach innen, der Organisation der Beziehungen zu vor- und nachgeschalteten Einheiten innerhalb des Unternehmens als Dienstleistungsverhältnis. Mit der Einrichtung von Cost-Centern, der Spartenorganisation und anderen, die Autonomie von Einheiten stärkenden Organisationskonzepten wird diese Entwicklung vorangetrieben. Arbeits- und Berufsprofile müssen daher durch dienstleistungsbezogene Qualifikationen und Kompetenzen ergänzt werden.

(3) Die wachsende Prozess- und Lernorientierung moderner Arbeit

Mit der Verbreitung der Informations- und Kommunikationstechnologien, der Abnahme manueller und der Zunahme wissensbasierter und dienstleistungsorientierter Arbeitstätigkeiten verändern sich in den Unternehmen die Arbeitskonzepte und die Formen der Arbeitsorganisation grundlegend. Wie unter 1.1 angesprochen, zeichnet sich moderne Arbeit durch eine zunehmende Lern- und Prozessorientierung aus. Als Folge sind lernförderliche Arbeitsumgebungen und neue Lernformen geschaffen, das Erfahrungslernen und das informelle Lernen aufgewertet worden.

Im Kontext neuer Unternehmens- und Organisationskonzepte werden darüber hinaus die Erzeugung von Wissen und ein modernes Wissensmanagement vorangetrieben, um Verbesserungen und Innovationen von Produkten und Prozessen zu fördern. Für die in der Berufsbildung und beruflichen Weiterbildung zu erwerbenden Qualifizierungsinhalte und Kompetenzen heißt dies, dass anstelle der Vermittlung abgeschlossener Wissensbestände verstärkt auf ein prozessorientiertes, exemplarisches Lernen in bestimmten Branchen und Einsatzgebieten zu setzen ist.

Diese drei Entwicklungstrends stellen sich allerdings in der Realität widersprüchlich und vielfach durchbrochen dar. Im Einzelnen verlaufen die Entwicklungen von Branche zu Branche und von Unternehmen zu Unternehmen unterschiedlich. Zum einen besteht in Wirtschaftszweigen wie dem Werkzeugmaschinenbau und der IT-Branche nach wie vor ein hohes Maß an Ganzheitlichkeit und Aufgabenintegration, zum anderen zeichnen sich, so in der Automobilindustrie, wachsende Tendenzen der Standardisierung und Neotaylorisierung ab (vgl. Springer 1999; Dörre u.a. 2001). Die beobachtbaren Trends lassen vermuten, dass auf absehbare Zeit mit einem Nebeneinander unterschiedlicher Arbeits- und Organisationskonzepte und damit einer weiteren Heterogenisierung betrieblicher Arbeits- und Qualifikationsanforderungen zu rechnen sein wird. Dementsprechend vertreten Clement/Lacher die These: „Die durch Technisierung und neue Formen der Arbeitsorganisation entstandene Heterogenisierung der Arbeitsverhältnisse in ganzheitlich angelegte, mit hohen Problemlöseanforderungen ausgestattete Arbeitsplätze einerseits und Arbeitsplätze mit begrenzten Qualifikationsanforderungen andererseits, hat je nach Wirtschaftsbereich und Tätigkeitsfeld unterschiedliche Ausprägungen, ist aber durchgängig feststellbar" (2006, S. 9).

Gleichwohl ist bei aller Ungleichzeitigkeit und Widersprüchlichkeit davon auszugehen, dass weite Bereiche zukünftiger Arbeit durch die Ablösung tayloristischer und die Herstellung ganzheitlicher Strukturen geprägt sein werden (vgl. Soziologisches Forschungsinstitut u.a. 2005, insbes. S. 323ff.).

Der skizzierte Wandel der Arbeit von der an Funktion und Beruf orientierten Arbeitsteilung des Industriezeitalters zu einer prozessorientierten Arbeitsorganisation hat unmittelbare Auswirkungen auf das Berufskonzept der Arbeit. Die Berufsform der Arbeit und das in Deutschland so erfolgreiche Berufskonzept auf der Ebene von Fachkräften werden durch diesen Wandel massiv in Frage gestellt. Allerdings besteht zum Berufskonzept und der darauf bezogenen Ausbildung bisher kaum eine Alternative, zumal es sich bei den Ausbildungsberufen immer schon um Konstrukte und nicht um Reproduktionen von im Beschäftigungssystem vorkommenden Tätigkeiten handelte. Insbesondere weist das angelsächsische Modulsystem der schrittweise zu erwerbenden Teilqualifikationen im Vergleich deutliche Nachteile auf, da es kaum persönlichkeitsbildende Entwicklungen für die Jugendlichen bietet, zu einem deutlich niedrigeren durchschnittlichen Kompetenzniveau führt, keine vergleichbaren, transparenten Abschlüsse ermöglicht und Beschäftigungs- und Bildungssystem nicht verzahnt.

In einem breiten gesellschaftlichen Konsens haben die Reformen der Berufsausbildung seit Beginn der 1990er Jahre durchweg am Berufsprinzip festgehalten, auch wenn damit durchaus unterschiedliche Vorstellungen verbunden sind. Vor dem Hintergrund des skizzierten Wandels von Arbeit waren herkömmliche Ziele und Strukturen der Berufsausbildung nicht mehr haltbar. Das gilt für die Orientierung der Berufsausbildung auf einen Lebensberuf ebenso, wie für die einseitige Inputorientierung der Lehrpläne, ein instruktionistisch und kognitiv dominiertes Lernen sowie die Vermittlung eines scheinbar objektiven, mit der Arbeits- und Lebenswelt kaum verbundenen Wissens. Konsens besteht darin, dass die durchgängigen Beschreibungen von Berufstätigkeiten und die berufliche Grundbildung in den herkömmlichen anerkannten Ausbildungsberufen obsolet sind und einem modernen Konzept der Berufsausbildung der Wandel der Arbeit, ein wesentlich darauf bezogenes Lernen und eine neue Beruflichkeit zugrunde liegen müssen (vgl. Koch/Meerten 2003, S. 44f.; Sauter 2003, S. 74).

Berufsprinzip in der Ausbildung

Eine am Berufsprinzip orientierte zukunftsorientierte Berufsausbildung

- bereitet auf ein Bündel zusammenhängender Tätigkeiten vor, das an Qualifikations- und Kompetenzstandards ausgerichtet ist, die in Ausbildungsordnungen dokumentiert sind,
- zielt auf den Erwerb von fachlichen, sozialen und personalen Kompetenzen mit dem Ziel einer umfassenden beruflichen Handlungskompetenz und Handlungsfähigkeit und versteht sich als Grundlage für das selbstständige Weiterlernen,
- leistet einen wesentlichen Beitrag für die gesellschaftliche Integration der Jugendlichen sowie deren spätere soziale und berufliche Absicherung.

Auch für die Weiterbildung zeichnet sich die Beibehaltung oder gar der Ausbau von Beruflichkeit ab, wobei dem unter Abschnitt 6.3 genauer erörterten neuen IT-Weiterbildungssystem besondere und wahrscheinlich für andere Branchen zukunftsweisende Bedeutung zukommt. Die IT-Weiterbildung ermöglicht über gestufte Berufsprofile durchgehende Entwicklungs- und Aufstiegswege bis zu höchsten Berufspositionen und sieht dabei Äquivalenzen zu Studienabschlüssen auf Bachelor- und Masterebene vor (vgl. BMBF 2002; Meyer u.a. 2004, S. 107ff.). Der Zugang zu dem System ist nicht nur für Absolventen der IT-Ausbildung möglich, sondern ebenso für Seiteneinsteiger mit entsprechenden Berufserfahrungen. Hierin zeigt sich ein Berufsverständnis, das sich nicht mehr vorrangig über anerkannte Ausbildungsberufe definiert, sondern stärker über ein Lernen in der Arbeit und eine kontinuierliche berufliche Weiterbildung. Bei erfolgreicher Realisierung wird das IT-Weiterbildungssystem die betriebliche Weiterbildung sowohl in ihrer Verbindung zur betrieblichen Organisations- und Personalentwicklung als auch hinsichtlich ihrer Anrechnung auf einschlägige Hochschulabschlüsse grundlegend verändern und das Berufsprinzip im Sinne einer modernen Beruflichkeit stärken.

Der Bedeutungszuwachs des Lernens in der Arbeit unter modernen Arbeits- und Organisationsbedingungen ist somit eher als Stärkung und nicht als Schwächung des Berufsprinzips zu verstehen. Anders hingegen sieht es mit den

Rahmenbedingungen aus, die durch die europäische Bildungspolitik gesetzt werden. Der Europäische Qualifikationsrahmen (EQR) und das Europäische Kreditpunktesystem für die berufliche Bildung (ECVET) enthalten für die Anerkennung und Zertifizierung des Lernens in der Arbeit zwar grundlegend erweiterte Akzeptanz- und Äquivalenzregelungen, mit der einseitigen Outcome- und Modulorientierung wird aber vielfach das Ende des dualen Ausbildungssystems und des Berufsprinzips verbunden (vgl. Drexel 2006; Rauner u.a. 2006).

1.3 Lernen in der Arbeit im Kontext betrieblicher Bildungsarbeit

Die wissenschaftliche Beschäftigung mit dem Lernen in der Arbeit wird vorrangig von der Arbeitswissenschaft, der Organisations- und Arbeitspsychologie, der Betriebswirtschaftslehre und der Berufs- und Arbeitspädagogik geleistet, wobei die Analyse und eine Theorie des Lernens in der Arbeit interdisziplinär auszurichten sind. Die betriebliche Praxis sieht das Lernen in der Arbeit vor allem unter fachlich-aufgabenbezogenen und personalwirtschaftlichen Gesichtspunkten; in größeren Betrieben spielen die Personal- und Organisationsentwicklung sowie arbeitspsychologische und arbeits- und berufspädagogische Gesichtspunkte und Konzepte eine wichtige Rolle. Mit dem Wandel der Arbeit und veränderten Qualifikations- und Lernanforderungen wird das Lernen in der Arbeit in wachsendem Maße bewusst gestaltet, institutionell und personell angebunden an Personal- bzw. Berufsbildungsabteilungen, Betriebs- und Personalräte, Bildungsträger und Lernagenturen sowie Unternehmens- und Qualifizierungsberater.

Systematisch ist das Lernen in der Arbeit Teil der betrieblichen Bildungsarbeit als Einheit von Berufs- und Betriebspädagogik, Personalentwicklung und Organisationsentwicklung (vgl. Dehnbostel/Pätzold 2004, S. 23ff.). Dieses Verständnis der betrieblichen Bildungsarbeit umfasst die Planung, Durchführung, Begleitung und Evaluation aller Maßnahmen und Konzepte der beruflichen Bildung, der Qualifizierung und des betrieblichen Trainings von der Ebene der Auszubildenden bis zu den Führungskräften und bezieht sich sowohl auf das formelle, organisierte Lernen als auch auf das Erfahrungs- bzw. informelle Lernen.

Betriebliche Bildungsarbeit
Ein sich zunehmend durchsetzendes weites Verständnis betrieblicher Bildungsarbeit definiert diese als Einheit von Berufs- und Betriebspädagogik, Personalentwicklung und Organisationsentwicklung und wird – wie international gebräuchlich – als Human Resource Development (HRD) bezeichnet. Dieses Modell umfasst die Gesamtheit aller auf Individuen, Gruppen und die Organisation bezogenen Lernprozesse im Betrieb. Es integriert einerseits nur Teilbereiche der Personal- und Organisationsentwicklung, weist aber andererseits in seiner berufs- und betriebspädagogischen Anbindung an Qualitäts- und Bildungsstandards, berufliche Aus- und Weiterbildungsgänge sowie an das öffentlich-rechtliche Bildungssystem über diese hinaus.

Die in der folgenden Abbildung modellhaft dargestellte zukunftsweisende betriebliche Bildungsarbeit zielt auf den Erwerb einer umfassenden beruflichen Handlungskompetenz und einer reflexiven Handlungsfähigkeit.

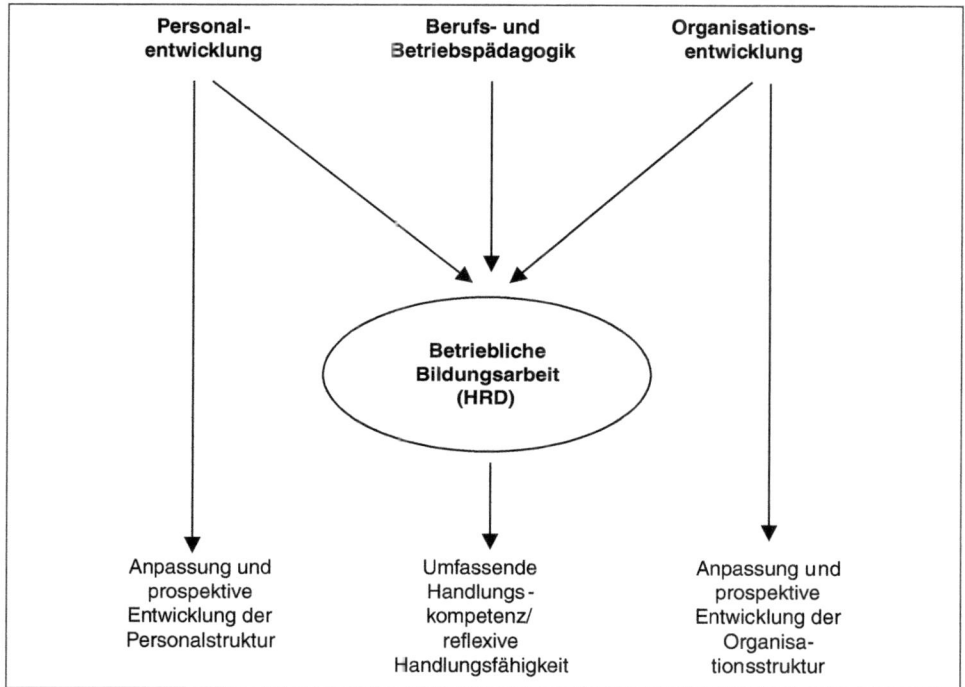

Abbildung 1.1:
Betriebliche Bildungsarbeit

Die betriebliche Bildungsarbeit bezieht eine Personal- und Organisationsentwicklung ein, die sich von einem Anpassungs- zu einem Gestaltungsansatz, von einer reaktiven zu einer antizipierenden Strategie entwickelt hat (vgl. Arnold 1997, S. 61ff.). Für die Realisierung von Innovationen und eine lernförderliche Arbeitsgestaltung ist eine so ausgerichtete betriebliche Bildungsarbeit von großer Bedeutung. Die mit dem aktuellen gesellschaftlichen und betrieblichen Wandel verbundenen neuen Arbeits- und Wissenskonzepte erfordern kontinuierliche Organisations- und Kompetenzentwicklungsprozesse, die mit einer dynamischen Personal- und Organisationsentwicklung einhergehen.

Organisationsentwicklung erhebt dabei den Anspruch, Strukturen, Prozesse und Personen in Organisationen ganzheitlich zu betrachten und im Sinne der strategischen Ziele der Unternehmungen sowie der Interessen der beschäftigten Mitarbeiter zu verändern (Pätzold/Lang 1999, S. 45f.). Organisationsentwicklung als eigenständiges Arbeits- und Entwicklungsfeld ist mit einer Vielzahl von Methoden, Strategien und Zielvorstellungen verbunden. Aus betriebswirtschaftlicher Sicht gilt, dass Organisationsentwicklung vorangig managementgeleitet ist. Dabei werden klassische betriebswirtschaftliche Leistungsziele um individuelle und gruppenbezogene Ziele ergänzt. Demgegenüber ist die Personalentwicklung mit Blick auf Qualifizierungen und personale Entwicklungen auf Teilbereiche von Organisationen bezogen und umfasst besonders die Interdependenz zwischen Qualifizierungsprozessen und Organisationsgestaltung (vgl. Münch 1995, S. 16ff.). Personalentwicklung wird zunehmend als ein entscheidender strategischer Erfolgsfaktor für die Wettbewerbsfähigkeit eines Unternehmens verstanden. Sie muss die ständige Balance zwischen den Zielen des Unternehmens und denen des Personals suchen und finden und fasst alle Maßnahmen der Qualifizierung und betrieblichen Aus- und Weiterbildung strategisch zusammen.

Wie einleitend bereits angesprochen, besteht eine für die betriebliche Bildungsarbeit und das Lernen im Prozess der Arbeit entscheidende Frage darin, wie sie hinsichtlich ihrer Qualität, Wirkung und Nachhaltigkeit zu beurteilen sind. Auch wenn allgemein anerkannt wird, dass das Lernen im Prozess der Arbeit im Zuge betrieblicher Reorganisations- und Umstrukturierungsprozesse an Bedeutung gewonnen hat, so sagt dies noch nichts über dessen Reichweite, Qualität und Subjektbezug aus. Unter den Stichworten der „Koinzidenz" und „Konvergenz" ökonomischer und pädagogischer Vernunft wird diese Diskussion seit Anfang der 1990er Jahre in der Berufsbildung und Weiterbildungsforschung geführt (vgl. u.a. Achtenhagen 1990; Heid 1999; Heid/Harteis 2004). Dabei werden Antworten auf die Frage gesucht, ob und wie die Logik des ökonomischen Kalküls mit der Logik von Lern- und Kompetenzentwicklungsprozessen übereinstimmt oder verbunden werden kann.

Bisherige Einschätzungen und Analysen verweisen vor allem auf die Ambivalenz des betrieblichen Wandels und des damit verbundenen Lernens in modernen Arbeitsprozessen. Globalisierung, neue Informations- und Kommunikationstechnologien und erhöhte Produktivität stehen einerseits für den massiven Abbau von Arbeitsplätzen, für höhere Belastung, für die Zunahme von unsicheren Beschäftigungsverhältnissen und eine neue Zweckgebundenheit des Lernens unter den Leitzielen der Marktorientierung und Ökonomisierung. Andererseits scheinen Maßnahmen zur Enthierarchisierung und Dezentralisierung durchaus verbesserte Bedingungen im Sinne von ganzheitlichen Arbeitsumfängen, höheren Freiheitsgraden, erweiterter Mitgestaltung und Partizipation sowie verbesserten Lernbedingungen und Lernpotenzialen zu bieten.

Entscheidend für die Diskussion ist die reale betriebliche Entwicklung von Arbeits-Lern-Umgebungen und den damit verbundenen Lernoptionen und Lernchancen in der betrieblichen Arbeit. Sie sind Teil der im Spannungsverhältnis von ökonomischer Zweckorientierung und personaler Entwicklung neu auszulotenden veränderten betrieblichen Bildungsarbeit, die in ihren Gründzügen oben skizziert ist. Sie zeigt sich vor allem in neuen betrieblichen Lernformen sowie der gezielten Berücksichtigung des Erfahrungs- bzw. informellen Lernens und dessen Erweiterung um organisiertes bzw. formelles Lernen mit dem Ziel der Herausbildung einer umfassenden Handlungskompetenz. Diese impliziert neben Fach-, Sozial- und Personalkompetenz auch eine reflexive Handlungsfähigkeit.

Die Chancen des Lernens in der Arbeit werden insbesondere aus arbeits- und lernpsychologischer Sicht als konstitutiv für die Persönlichkeitsentwicklung angesehen (vgl. u.a. Hacker/Skell 1993; Wächter/Modrow-Thiel 2002), wobei diese Sichtweise durchaus Übereinstimmungen mit dem Stellenwert von Arbeit und Beruf und dem darauf bezogenen Lernen in der Reformpädagogik und der klassischen Berufsbildungstheorie des frühen 20. Jahrhunderts aufweist (vgl. Gonon 2002, S. 104ff.). Lernen in der Arbeit wird danach als Teil des menschlichen Entwicklungsprozesses verstanden, als wesentlicher Beitrag zur Selbstverwirklichung. Verbunden damit ist die Auffassung, dass die Gestaltung der Bedingungen, unter denen Arbeit geleistet wird, von elementarer persönlicher und gesellschaftlicher Bedeutung ist. Inwieweit dies vor dem Hintergrund der angesprochenen Ambivalenz moderner Arbeitsprozesse auch real eingelöst wird, ist empirisch noch nicht hinreichend untersucht und belegt.

Fragen zum Themenbereich „Lernen in der Arbeit"

- Das Lernen in der Arbeit ist die älteste und am meisten verbreitete Form beruflicher Qualifizierung. Lernen in der Arbeit gab es schon immer. Aus welchen Gründen spricht man dann von einer Wiederkehr dieses Lernens? Welche qualifikatorischen und ökonomischen Argumente sprechen für den heutigen Bedeutungszuwachs des Lernens in der Arbeit? Diskutieren Sie diese Fragen auch unter dem Gesichtspunkt der Konsequenzen für die betriebliche Bildungsarbeit.
- Es wird die Ansicht vertreten, mit dem Wandel der Arbeitsorganisation und der Arbeitsprozesse seien die Berufsform der Arbeit und das deutsche Berufskonzept – verglichen z.B. mit dem angelsächsischen Modulsystem – nicht mehr zeitgemäß. Wie kann eine moderne Berufsausbildung aussehen, die das Berufsprinzip beibehält, den Beitrag des Lernens in der Arbeit zur beruflichen und zur Persönlichkeitsentwicklung aber nicht außer acht lässt?

Literatur zur Vertiefung

Arnold, R. (1997): Betriebspädagogik. Zweite, überarbeitete und erweiterte Auflage, Berlin

Baethge, M./Schiersmann, Chr. (1998): Prozeßorientierte Weiterbildung – Perspektiven und Probleme eines neuen Paradigmas der Kompetenzentwicklung für die Arbeitswelt der Zukunft. In: Arbeitsgemeinschaft Betriebliche Weiterbildungsforschung e.V. (Hg.): Kompetenzentwicklung '98: Forschungsstand und Perspektiven. Münster u.a., S. 11–87

Dehnbostel, P./Pätzold, G. (2004): Lernförderliche Arbeitsgestaltung und die Neuorientierung betrieblicher Bildungsarbeit. In: Dieselben (Hg.): Innovationen und Tendenzen der betrieblichen Berufsbildung. (ZBW, Beiheft 18). Stuttgart, S. 19–30

Clement, U./Lacher, M. (Hg.) (2006): Produktionssysteme und Kompetenzerwerb. Zu den Veränderungen moderner Arbeitsorganisation und ihren Veränderungen auf die berufliche Bildung. Stuttgart

2 Lernen, Kompetenzentwicklung und Reflexivität in modernen Arbeitsprozessen

Kompetenz und Kompetenzentwicklung sind seit den 1980er Jahren intensiv verwendete, aber auch vieldeutig belegte Begriffe. International hat sich der Begriff Kompetenz ebenso durchgesetzt wie national. Die Begriffsbestimmung und -verwendung von Kompetenz hängt wesentlich von zugrunde liegenden Rahmenkonzepten, Theorien und Disziplinen ab. So stimmt der Kompetenzbegriff im Europäischen Qualifikationsrahmen (vgl. hierzu Abschnitt 7.1) nicht mit dem üblicherweise in der betrieblichen Bildungsarbeit und der Berufs- und Weiterbildung anzutreffenden Kompetenzverständnis überein. Aber auch in Deutschland ist nicht von einem einheitlichen Kompetenzbegriff auszugehen. Der von der KMK für die allgemeinbildenden Schulen in Anlehnung an die Expertise „Zur Entwicklung nationaler Bildungsstandards" vertretene Kompetenzbegriff ist zum Beispiel einem kognitionstheoretischen Ansatz verpflichtet (vgl. Klieme u.a. 2003, S. 21), der kaum in Übereinstimmung mit dem im Folgenden entfalteten handlungs- und berufsbezogenen Kompetenzbegriff steht. Insofern kann nicht von einem Kompetenzkonzept gesprochen werden wie häufig zu hören ist.

Die breite Durchsetzung des Kompetenzbegriffs neben oder anstelle des Qualifikations- und Bildungsbegriffs ist sicherlich darauf zurückzuführen, dass Kompetenzen auf das Subjekt bezogen sind und dabei gleichwohl betriebliche und gesellschaftliche Anforderungen erfüllen. Sie konkretisieren zudem die Anforderungen lebenslangen Lernens und führen allgemeine und berufliche Bildung zur Synthese. Generell wird Kompetenzentwicklung als ein umfassender Ansatz verstanden, der „persönliche Entfaltung, gesellschaftliche Teilhabe und Beschäftigungsfähigkeit" vereint (vgl. Gnahs 2007, S. 12). In der Bundesrepublik Deutschland gab es in bildungspolitisch initiierten Programmen verschiedene Versuche, die Kompetenzentwicklung mit dem Lernen in der Arbeit gleichzusetzen und gegen die Weiterbildung zu positionieren. Die heutige Entwicklung geht eher dahin, über und mit Kompetenzen zu einer umfassenden und ganzheitlichen Berufsbildung zu kommen und diese verstärkt vom Subjekt her zu begreifen und zu gestalten. Darüber hinaus wird der Kompetenzbegriff auf das gesamte Bildungssystem bezogen, wobei die Definition von kompetenzbasierten Standards immer wichtiger wird.

Die Kompetenzentwicklung ist immer an Lernen gebunden und damit auch an unterschiedliche Modelle und Theorien des Lernens bzw. an unterschiedliche lerntheoretische Zugänge, die wesentlichen Aufschluss über die Kompetenzgenese und -entwicklung geben müssten. Dieser wissenschaftlich bisher kaum erschlossene Zusammenhang wird hier vor allem im Hinblick auf veränderte Lernorientierungen in neuen Arbeits- und Organisationskonzepten angesprochen. Insbesondere wird dabei im folgenden Abschnitt 2.1 auf theoretische Ansätze zum Lernen in der Arbeit eingegangen. Die Definition der Begriffe Kompetenz und Kompetenzentwicklung und die Erläuterung des Konzepts der beruflichen Handlungskompetenz schließen sich an (2.2). Abschnitt 2.3 behandelt den Kompetenzerwerb über das berufliche Handeln in den Zusammenhängen von Struktur und Handlung.

Anschließend (2.4) werden der wichtige Begriff der Reflexion und das Konzept der reflexiven Handlungsfähigkeit erörtert.

2.1 Theorieansätze zum Lernen in der Arbeit

Lernen in der Arbeit und vor allem in modernen Arbeitsprozessen wurde bisher unter dem Blickwinkel der betrieblichen Bildungsarbeit und des Wandels der Bedingungen des Lernens betrachtet. Lerntheoretische Zugänge und Konzepte sind heranzuziehen oder zu entwickeln, um das Lernen in der Arbeit in Theorie und Praxis zu systematisieren und weitergehende Grundlagen für die Entstehung und Entwicklung von Kompetenzen zu erhalten. Aus pädagogisch-lerntheoretischer und berufspädagogischer Sicht liegen allerdings bisher kaum Forschungsarbeiten zum Lernen in der Arbeit vor, eher in den Disziplinen der Arbeitswissenschaft und der Psychologie und dort insbesondere in den Teildisziplinen der Arbeits- und Organisationspsychologie. Aber auch hier gibt es kaum einheitliche Auffassungen zum Lernbegriff und zu Lerntheorien (vgl. Sonntag/Stegmaier 2007, S. 18f.). In der Berufs- und Weiterbildung dominiert seit Jahren der handlungstheoretische Ansatz, der in diesem Bereich behavioristische und kognitivistische Theorien abgelöst hat. Aus wissenschaftlicher Sicht ist auf unterschiedliche handlungstheoretische Lernansätze zu verweisen, da die zugrunde liegenden Handlungstheorien diszi-plinär unterschiedlich begründet und eingeordnet sind. Mit dem handlungs-theoretisch-kybernetischen Ansatz und der Handlungsregulationstheorie seien hier zwei wichtige Ansätze genannt.

Historische Abhandlungen zum Lernen in der Arbeit oder gar zu einer Theorie des Lernens in der Arbeit liegen nicht vor. Allerdings findet das tradierte, bereits in der traditionellen Handwerkslehre und in der zünftlerischen Berufsausbildung systematisch vorgenommene Lernen in der Arbeit in verschiedenen aktuellen Theorieansätzen seinen Niederschlag. In Verbindung mit dem informellen und Er-fahrungslernen ist besonders auf den Forschungsansatz zum situierten Lernen hin-zuweisen, der das Handeln und alltägliche Tun einer Gemeinschaft praktisch tätiger Menschen, einer „Community of Practice" zum Gegenstand hat (Lave/ Wenger 1991; Lave 1993; Wenger/Snyder 2000). Dieser Ansatz wird im folgenden Kapitel unter 3.1 als ein wichtiges Konzept zum Lernen durch Arbeitshandeln im realen Arbeitsprozess skizziert. Die Situation und der soziale Kontext prägen das situierte Lernen, womit zugleich gesagt ist, dass dieses Lernen nicht funktional re-duziert, sondern eine Form der Enkulturation ist. In einem weit gefassten Ver-ständnis ist situiertes Lernen als soziale Theorie des Lernens anzusehen.

Nach Niemeyer (2005, S. 79ff.) sieht der Ansatz des situierten Lernens das Lernen als den sukzessiven Entwicklungsprozess vom Novizen zum Experten innerhalb einer Community of Practice. Lernen ist danach als Prozess des konti-nuierlichen Hineinwachsens in eine soziale Gruppe mit ihren spezifischen Hand-lungszielen, Kompetenzen, Binnenstrukturen und Regeln zu verstehen. Der Pro-zess des Hineinwachsens, die Entwicklung zum vollwertigen Mitglied, umfasst nicht nur den Erwerb der einschlägigen, von der Gruppe beherrschten Kompetenzen, sondern auch den Erwerb der typischen kulturellen Praktiken und die Herausbildung einer Gruppenidentität. Vier Komponenten sind für diesen Prozess grundlegend:

(1) Sinn und Bedeutung des Lernens

Neuerworbenes Wissen, Kompetenzen und Erfahrungen werden im Lernprozess mit Erfahrungen in Einklang gebracht. Sie wirken sinnstiftend, da sich das Lernen in einem authentischen Praxiszusammenhang abspielt, nicht in einer Situation, die künstlich zum Zwecke des Lernens konstruiert wird.

(2) Praxisgebundenheit des Lernens

Der Lernprozess vollzieht sich ausschließlich durch praktische Erfahrung und aktives Handeln in und mit der Gemeinschaft.

(3) Identitätsbildung

Die in vielen sozialen Gemeinschaften und betrieblichen Arbeitsgruppen langwierige Entwicklung zum Experten umfasst die Herausbildung einer Identität als Mitglied der jeweiligen Gruppe.

(4) Community bzw. Praktikergemeinschaft

Die Gruppe als soziale Gemeinschaft, deren individuelle und kollektive Handlungen auf ein gemeinsames Ziel gerichtet sind, gibt den Rahmen für das Gruppenlernen und formt auch das Lernen des Einzelnen.

Der Ansatz des situierten Lernens gründet sich auf Lernprozesse, für die Interaktionen im sozialen Kontext der Community of Practice, eine sinnhafte und nachhaltige Praxis sowie die Relevanz des eigenen Handelns konstitutiv sind. Zudem ist die Zugehörigkeit zu einer Gruppe sozial und individuell fördernd und integrierend. Lernen und Kompetenzentwicklung finden bei allen Gruppenmitgliedern vom Novizen bis zum Experten in einem gemeinsamen sozialen Raum statt. Auf das Lernen in der Arbeit trifft dies besonders zu, in Kooperation wird unter verbindlichem Bezug auf einen Arbeitsauftrag in einem festgelegten Rahmen gelernt, in der Gruppe und in der Organisation werden Einstellungen und Werthaltungen erworben. Ein solches Verständnis von Lernen grenzt sich vom institutionalisierten, formalisierten Lernen ab und bedingt eine grundsätzliche Aufwertung informellen Lernens, das im Handlungs- und Arbeitskontext erfolgt.

Das situierte Lernen grenzt sich gleichfalls vom instruierten Lernen ab, wird aber durchaus mit organisiertem Lernen und Partizipation in der Arbeit in Verbindung gebracht und ist für moderne Arbeitsprozesse sehr bedeutsam. Ein auf Instruktion begründetes Lernen, das in der Industriegesellschaft bzw. in der herkömmlichen Berufsausbildung tonangebend war, kann weder den Individuen in ihren Lerninteressen noch den betrieblichen Qualifikationsbedarfen gerecht werden. In der Rezeption und Weiterentwicklung wird der situierte Lernansatz mit der subjektwissenschaftlichen Lerntheorie K. Holzkamps und dem damit verbundenen expansiven Lernen in Verbindung gebracht. Ebenso wird der Ansatz in gemäßigt konstruktivistischen Ansätzen aufgenommen, wie Ende dieses Abschnitts angesprochen.

Das situierte Lernen im konstitutiven Kontext der Enkulturation kommt den veränderten Lern- und Arbeitsbedingungen in modernen Arbeitsprozessen und der Renaissance des Lernens in der Arbeit entgegen und kann als Grundlage spezieller theoretischer Ansätze des Lernens in der Arbeit betrachtet werden. In Forschung und Entwicklung werden gegenwärtig vorrangig das selbstgesteuerte und das arbeitsprozessorientierte Lernen als besondere theoretische Ansätze bezeichnet und entwickelt (vgl. u.a. Fischer/Rauner 2006; Witthaus/Wittwer/Espe 2003; Euler/Lang/Pätzold 2006). Im Hinblick auf die Bedingungen des Lernens und der Lernumgebungen ist dabei das selbstgesteuerte Lernen vom selbstorganisierten zu unterscheiden:

Selbstgesteuertes Lernen
Unter selbstgesteuertem Lernen wird die selbstständige und selbstbestimmte Steuerung von Lernprozessen verstanden. Die Lernenden bestimmen Ziele und Inhalte des Lernprozesses in einem bestimmten Rahmen weitgehend selbstständig, ebenso wie die Methoden, Instrumente und Hilfsmittel zur Regulierung des Lernens. Der Handlungsrahmen bzw. die übergeordnete strukturelle Einordnung der jeweiligen Lernsituation in Arbeitsabläufe und -prozesse ist dabei allerdings vorgegeben bzw. erfolgt unter arbeitsökonomischen Kriterien. Im Hinblick auf den Rahmen und die Umgebung handelt es sich beim selbstgesteuerten Lernen nicht um ein autonomes Lernen, sondern um die zielgerichtete Auswahl und Bestimmung von Lernmöglichkeiten und Lernwegen.

Hiermit ist auch der entscheidende Unterschied zwischen selbstgesteuertem und selbstorganisiertem Lernen angesprochen: Beim selbstorganisierten Lernen werden die institutionellen und organisatorischen Rahmenbedingungen des Lernens durch die Lernenden bestimmt und sind nicht – wie beim selbstgesteuerten Lernen – von außen festgelegt. Lernen in Arbeitsprozessen findet zumeist in solchen – nicht lernintentional angelegten – Handlungs- und Arbeitssituationen statt, die in ihren Handlungs- und Arbeitszielen sowie den übergeordneten Organisationsstrukturen determiniert sind, die aber gleichwohl ein selbstständiges und selbstgesteuertes Lernen im vorgegebenen Rahmen ermöglichen, zumal ein Lernen über Erfahrungen. Dabei kann sich die Selbststeuerung sowohl auf den Einzelnen als auch auf eine Gruppe beziehen.

Unabhängig von lerntheoretischen Zusammenhängen sind Selbststeuerungsprozesse in reorganisierten Arbeitsstrukturen konstitutiv für die Funktionsweise partizipativer und vernetzter Arbeitsformen. Die Gestaltung neu gewonnener Handlungs- und Dispositionsspielräume, die Durchführung kontinuierlicher Verbesserungsprozesse, die Anwendung integrierter Qualitätssicherungsverfahren sowie die Einlösung von Zielvereinbarungen erfolgen in zunehmendem Maße selbstgesteuert. Dieserart Selbststeuerungsprozesse sind die Konsequenz von Dezentralisierung und Enthierarchisierung in neuen Arbeits- und Organisationskonzepten. Sie sind symptomatisch für moderne Arbeitsprozesse und zugleich untrennbar mit größtenteils informell ablaufenden Lernprozessen verbunden. Mit der Einführung sogenannter neuer Methoden wie der Leittextmethode, der Teammethode und der Projektmethode findet auch in organisierten Lernprozessen außerhalb der Arbeit zunehmend ein formell angelegtes selbstgesteuertes Lernen statt.

Arbeitsprozessorientiertes Lernen ist verstärkt auf bestimmte Inhalte in der Arbeit wie die immer wichtiger werdende Kunden- und Geschäftsprozessorientierung gerichtet. Dieses Lernen generiert ein Arbeitsprozesswissen, das vor allem auf Erfahrungen beruht, die von Fachkräften im Umgang mit Maschinen, Situationen und Menschen gemacht werden und die dazu befähigen, komplexe Arbeits- und Problemsituationen im Arbeitsalltag zu bewältigen. Arbeitsprozesswissen als facharbeiterspezifische Kompetenz umfasst u.a. folgende Charakteristika:

- Es ist „dasjenige Wissen, das im Arbeitsprozeß unmittelbar benötigt wird (im Unterschied z.B. zu einem fachsystematisch strukturierten Wissen);
- es wird meist im Arbeitsprozeß selbst erworben, z.B. durch Erfahrungslernen, schließt aber die Verwendung fachtheoretischer Kenntnisse nicht aus;
- es umfaßt vollständige Arbeitsprozesse im Sinne der Zielsetzung, Planung, Durchführung und Bewertung der eigenen Arbeit im Kontext betrieblicher Abläufe" (Fischer u.a. 2002, S. 157f.; vgl. auch Rauner 2002, S. 123ff.).

Die Orientierung des Lernens auf das Arbeitsprozesswissen und die selbstständige und selbstbestimmte Steuerung von Lernprozessen stellen eine Wende für die herkömmliche Qualifizierung dar, die im Übergang von der Fachsystematik zur Handlungs- und Kompetenzsystematik besteht. Die Qualifizierung wendet sich von verengten fachsystematischen Lerngebieten realen beruflichen Handlungsfeldern mit Arbeits- und Geschäftsprozessen zu. Eine fachsystematisch ausgerichtete Aus- und Weiterbildung erzeugt zwar berufliches Faktenwissen und nützliche Arbeitstechniken, nur eingeschränkt hingegen eine selbstgesteuerte, prozessorientierte und reflexive Handlungsfähigkeit. Berufliche Handlungskompetenz und reflexive Handlungsfähigkeit sind – wie in den nächsten Abschnitten erörtert – die maßgebliche Zielorientierung bei der Herstellung einer Handlungsperformanz im Prozess der Arbeit, wobei das Handeln in Ziel- und Inhaltsoptionen eingebunden sein sollte, um nicht der Beliebigkeit und Zufälligkeit zu verfallen.

Selbstgesteuertes und arbeitsprozessorientiertes Lernen sind grundsätzlich erfahrungsbezogenes Lernen, d.h. ein Lernen, dem vergangene Situationen und Handlungen und die aus ihnen gezogenen Schlüsse zugrunde liegen. Konstitution und kontinuierliche Fortsetzung des Erfahrungslernens finden in einer Vielzahl von vergleichbaren Spiral- bzw. Kreislaufmodellen ihren Niederschlag. Beispielhaft sei auf das in der folgenden Übersicht dargestellte Modell von Krüger/Lersch (1993, S. 147) verwiesen. Der „Kreislauf der Erfahrung" wird in vier Phasen beschrieben: Er beginnt mit der aktiven Phase der äußeren Erfahrung durch eine Arbeitshandlung, die in der zweiten Phase auf die Realität bzw. Umwelt einwirkt. Daraufhin erfahren die Handelnden oder an der Handlung Beteiligten eine sinnliche Rückmeldung als passive Phase der äußeren Erfahrung. In der abschließenden Phase der inneren Erfahrung des Subjekts wird zwischen der aktiven und passiven äußeren Erfahrung ein Zusammenhang hergestellt und verarbeitet. Die Verarbeitung erfolgt bei Krüger/Lersch über die Reflexion und führt zu einem verbesserten Handlungswissen als Ausgangsposition für eine neuerliche aktive Handlung.

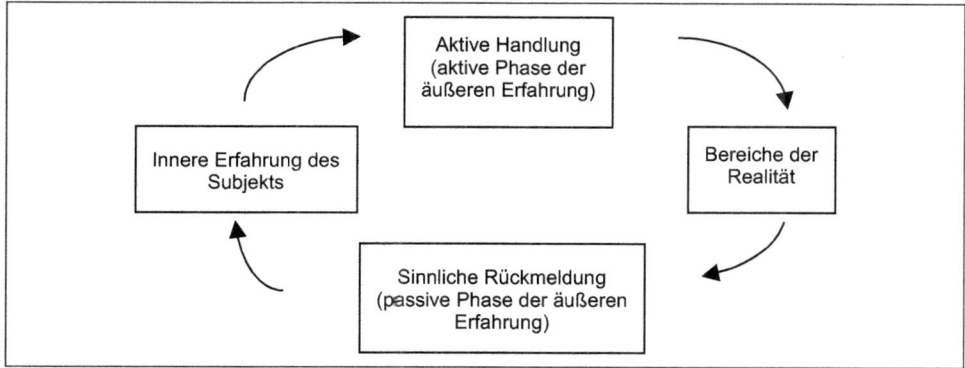

Abbildung 2.1:
Der Kreislauf der Erfahrung nach Krüger/Lersch 1993, S. 147

Dieses Kreislaufmodell des Erfahrungslernens gilt prinzipiell für alle Orte, an denen Handlungen erfolgen und reflektiert werden. Die Erfahrungen beziehen sich dabei vorrangig auf sinnliche, zusätzlich aber auch auf kognitive, emotionale und soziale Erfahrungsanteile. Inwieweit diese jeweils zum Tragen kommen, ist wesentlich von den jeweiligen Handlungsgegenständen, Sozialbeziehungen und Organisationskonzepten abhängig. Die Logik betrieblicher Organisations- und Geschäftsprozesse setzt hier Grenzen durch die Ausrichtung des Arbeitshandelns an letztlich technisch-ökonomischen Zielsetzungen und Zweckbestimmungen. Diese Grenzen werden allerdings durch die Neugestaltung betrieblichen und arbeitsintegrierten Lernens erweitert und in Frage gestellt. Wie der IT-Bereich zeigt (vgl. Dehnbostel/Molzberger/Overwien 2003; Meyer 2006) erfordern die dort üblichen ganzheitlichen Tätigkeiten ein integriertes Lernen als situierten und größtenteils selbstgesteuerten Prozess.

Im „Kreislauf der Erfahrung" stellen Bereiche der Realität den Bezugspunkt der äußeren Erfahrungen dar. Im Bereich des unmittelbaren Arbeitsvollzugs beziehen sich die Erfahrungen immer auf Arbeitsgegenstände und Arbeitssituationen, die eine sinnliche Rückmeldung an den Handelnden geben und zur inneren Erfahrung des Subjekts führen. Allerdings führen nicht jede aktive Handlung und nicht jede sinnliche Wahrnehmung zur inneren Erfahrung. Arbeitshandlungen lösen zumeist erst dann einen inneren Erfahrungsprozess aus, wenn sie verändernd auf den Arbeitsgegenstand einwirken und individuell als bedeutsam empfunden werden. Auf Routinehandlungen und rein repetitive Arbeiten trifft dies im Allgemeinen nicht zu. Daraus ergibt sich folgende Definition des Erfahrungslernens:

Erfahrungslernen
Erfahrungslernen ist ein Lernen, das über das Verstehen und bewusste Reflektieren von Erfahrungen erfolgt. Die zugrunde liegenden Erfahrungen sind Ergebnis sinnlicher, emotionaler, sozialer und kognitiver Wahrnehmungen. Es findet dann ein intensives Erfahrungslernen in der Arbeit statt, wenn die Arbeitshandlungen mit Problemen, Herausforderungen und Ungewissheiten für den Arbeitenden verbunden sind und reflektiert werden.

Äußere Erfahrungen werden in modernen Arbeitsprozessen nicht mehr in gleicher Weise gemacht wie in herkömmlichen Arbeitshandlungen. Die sinnlichen Rückmeldungen von Arbeitstätigkeiten auf das Subjekt werden durch den Einsatz von Informations-, Kommunikations- und Steuerungstechnologien teils verändert, teils abgebaut. Vor allem die aktiven, zu einem erheblichen Teil über die Sinnesorgane des Sehens, Hörens und Fühlens gesteuerten Arbeitshandlungen werden im Zuge der Automation, des Einsatzes von Handhabungsgeräten, Diagnosesystemen und rechnergesteuerten Maschinen erheblich eingeschränkt. Der IT-Bereich zeichnet sich von Beginn an durch die Informatisierung von Arbeitshandlungen aus. Erfahrungslernen bezieht sich hier nicht nur auf die reflexive Verarbeitung sinnlicher Eindrücke, sondern auf eine über die herkömmlichen Sinne hinausgehende Erweiterung der äußeren Erfahrungen durch mentale, emotionale und interaktive Prozesse, die auch die innere Erfahrung verändern. Diese Entwicklung ist also ambivalent: Der Erweiterung äußerer Erfahrungen steht nicht nur ein Verlust bisheriger sinnlicher Erfahrungen gegenüber, sondern es besteht auch die Gefahr der informationstechnischen Normierung und Reduzierung der inneren Erfahrung.

Die Einbeziehung von Erfahrungen in reale Lernkonzepte hat historisch viele Vorläufer. In Verbindung mit konstruktivistischen Lernansätzen ist besonders auf den Ansatz John Deweys zu verweisen. Theoretisch und praktisch entwickelte Dewey ein Konzept zur Verbindung von „experience and education", wobei mit dem Begriff „experience" die unmittelbare Erfahrung gemeint ist, der immer eine Handlung vorausgeht. Diese Erfahrung ist in Reflexionen einzubinden und führt dann zur Erkenntnis, wenn in den Handlungen Fragestellungen enthalten sind. Die Abfolge von Handlung – Erfahrung – Reflexion und deren kontinuierliche Fortführung unter Berücksichtigung vorheriger Erfahrungs- und Erkenntnisprozesse wird bei Dewey lerntheoretisch als „evolutiver Fortschritt" unter der Voraussetzung gesehen, dass die Lerner selbsttätig lernen. Auf der Basis von Selbsttätigkeit und möglichst weitgehender Selbstbestimmung des Lernenden erschließt sich nach Dewey (1993, insbes. S. 186ff.) die Wirklichkeit über Erfahrungslernen in realen Handlungsvollzügen.

Dieser Ansatz wird als Vorläufer oder Wegbereiter des konstruktivistischen Lernansatzes angesehen (Gerstenmaier/Mandl 1995, S. 882; Reich 1996, S. 197ff.). Für moderne Arbeitsprozesse bleibt zu konstatieren, dass vielfach ein selbstgesteuertes, arbeitsprozessorientiertes und erfahrungsbezogenes Lernen möglich und notwendig ist, das man lerntheoretisch als gemäßigt konstruktivistisch bezeichnen kann. Nach Reinmann-Rothmeier und Mandl (2001, S. 197f.) sind folgende Prozessmerkmale und Prozessziele für diesen Ansatz kennzeichnend:

- Lernen ist nur bei aktiver Beteiligung der Lernenden möglich. Dazu gehört, dass die Lernenden motiviert sind und an dem, was sie tun und wie sie es tun, Interesse haben oder entwickeln.
- Bei jedem Lernen übernimmt der Lernende Steuerungs- und Kontrollprozesse. Der Ausprägungsgrad dieser Selbststeuerung variiert, es ist jedoch kein Lernen ohne jegliche Selbststeuerung möglich.

- Lernen ist in jedem Fall konstruktiv. Der Erfahrungs- und Wissenshintergrund der Lernenden findet Berücksichtigung. Subjektive Interpretationen finden statt.
- Lernen erfolgt stets in spezifischen Kontexten, so dass jeder Lernprozess als situativ gelten kann.
- Lernen ist immer auch ein sozialer Prozess, indem es interaktiv geschieht und indem auf den Lernenden und seine Handlungen stets soziokulturelle Einflüsse wirken.

Unter der Voraussetzung guter Lernchancen und Lernpotenziale erfüllt das Lernen im Prozess der Arbeit diese Eigenschaften in starkem Maße. Aus der Perspektive der Berufsbildung und des Bildungsmanagements ist das Lernen in der Arbeit mit den skizzierten theoretischen Ansätzen des selbstgesteuerten Lernens, des arbeitsprozessorientierten Lernens und des Erfahrungslernens für die Kompetenzentwicklung und das Konzept der beruflichen Handlungskompetenz grundlegend, denn diese ist nur darüber vollständig einzulösen.

2.2　Berufliche Handlungskompetenz

Der Kompetenzbegriff wird in Deutschland erstmals mit den Konzepten und Schriften des Deutschen Bildungsrats Anfang der 1970er Jahre auf breiter Basis diskutiert. Das in dieser Zeit entstandene Gutachten zur Neuordnung der Sekundarstufe II strebt die Überwindung der Trennung zwischen allgemeiner und beruflicher Bildung an. Nach Auffassung des Deutschen Bildungsrats müssen Inhalt und Formen des Lernens dazu beitragen, Kompetenzen zu erlangen und „den jungen Menschen auf die Lebenssituation im privaten, beruflichen und öffentlichen Bereich so vorzubereiten, dass er eine reflektierte Handlungsfähigkeit erreicht" (Deutscher Bildungsrat 1974, S. 49).

Die Unterscheidung des Kompetenzbegriffs vom Qualifikationsbegriff ist für seine Bestimmung grundlegend. Der Deutsche Bildungsrat (vgl. ebd., S. 65) bezieht Kompetenz als – immer vorläufiges – Ergebnis der Kompetenzentwicklung auf den einzelnen Lernenden und seine Befähigung zu selbstverantwortlichem Handeln in privaten, beruflichen und gesellschaftlichen Situationen. Unter Qualifikation hingegen sind Fertigkeiten, Kenntnisse und Fähigkeiten im Hinblick auf ihre Verwertbarkeit zu verstehen, d.h. Qualifikation ist primär aus Sicht der Nachfrage und nicht des Subjekts bestimmt. In Anknüpfung an diese Position sind Kompetenzen folgendermaßen zu bestimmen:

Kompetenzen
Unter Kompetenzen sind Fähigkeiten, Kenntnisse, Methoden, Wissen, Einstellungen und Werte zu verstehen, deren Erwerb, Entwicklung und Verwendung sich auf die gesamte Lebenszeit eines Menschen bezieht. Sie sind an das Subjekt und seine Befähigung zu eigenverantwortlichem Handeln gebunden. Der Kompetenzbegriff umfasst Qualifikationen und nimmt in seinem Subjektbezug elementare bildungstheoretische Ziele und Inhalte auf.

Berufliche Kompetenzen beziehen sich besonders auf Fähigkeiten, Fertigkeiten, Wissensbestände und Einstellungen, die das umfassende fachliche und soziale Handeln des Einzelnen in einer berufsförmig organisierten Arbeit ermöglichen. Die Verwertbarkeit auf dem Arbeitsmarkt wird dabei einbezogen, allerdings nicht als ein Kriterium, das den Anlagen und der Persönlichkeitsentwicklung des Subjekts widerspricht.

In der beruflichen Aus- und Weiterbildung haben sich die Begriffe Kompetenz und Kompetenzentwicklung heute als zentrale Begriffe in Theorie und Praxis etabliert, wobei die Begriffs- und Konzeptverständnisse in der Weiterbildung vielfältiger sind und weiter gefasst werden als in der beruflichen Erstausbildung. Konsens besteht darin, dass die Kompetenzentwicklung an einen auf Selbststeuerung ausgerichteten ganzheitlichen Kompetenzbegriff anknüpft und aus der Perspektive des Subjekts und des lebensbegleitenden Lernens bestimmt wird:

Kompetenzentwicklung
Kompetenzentwicklung wird vom Subjekt her, von seinen Fähigkeiten und Interessen in handlungsorientierter Absicht bestimmt. Die Herausbildung von Kompetenzen erfolgt durch lebensbegleitende individuelle Lern- und Entwicklungsprozesse und unterschiedliche Formen des Lernens in der Arbeits- und Lebenswelt. Kompetenzentwicklung ist ein aktiver Prozess, der von Individuen weitgehend selbst gestaltet wird und in starkem Maße selbstgesteuertes Lernen erfordert.

In der Berufsausbildung und der Weiterbildung führt die Kompetenzentwicklung zum Auf- und Ausbau einer umfassenden beruflichen Handlungskompetenz, in der sich verschiedene Kompetenzdimensionen vereinen. Bereits der Deutsche Bildungsrat verweist auf unterschiedliche Kompetenzbereiche, in dem er von integrierten Lernprozessen fordert, dass sie „mit der Fachkompetenz zugleich humane und gesellschaftlich-politische Kompetenzen vermitteln" (1974, S. 49). Diese drei Kompetenzen stehen aber nicht gleichwertig nebeneinander. Vielmehr misst der Bildungsrat der Humankompetenz eine größere Bedeutung zu und verbindet sie mit den emanzipatorischen und kritisch-reflexiven Zielorientierungen der damaligen Bildungsreform. Als humane Kompetenz wird definiert, „dass der Lernende sich seiner selbst als eines verantwortlich Handelnden bewusst wird, dass er seinen Lebensplan im mitmenschlichen Zusammenleben selbstständig fassen und seinen Ort in Familie, Gesellschaft und Staat richtig zu finden und zu bestimmen vermag" (ebd.).

Im Zusammenhang mit der Neuordnung anerkannter Ausbildungsberufe und Bestrebungen der Kultusministerkonferenz (KMK), das Konzept der Handlungsorientierung in der berufsschulischen Ausbildung zu fördern, wurde der Kompetenzbegriff zunehmend in Überlegungen zur Curriculumentwicklung und zur didaktisch-methodischen Gestaltung von Lernprozessen aufgenommen und entfaltet. Entsprechend sind auch die mit dem Lernfeld-Konzept in der Berufsschule verfolgten Ziele auf die Entwicklung von Handlungskompetenz gerichtet. Diese wird hier verstanden als die Bereitschaft und Fähigkeit des Einzelnen, sich in beruflichen, gesellschaftlichen und privaten Situationen mündig und sozial verantwortlich zu verhalten. Handlungskompetenz entfaltet sich in den Dimensionen von Fachkompetenz, Personalkompetenz und Sozialkompetenz, die folgendermaßen beschrieben und unterschieden werden (vgl. Sekretariat der Ständigen Konferenz der Kultusminister 2000, S. 8f.):

- Fachkompetenz bezeichnet die Fähigkeit und Bereitschaft, auf der Grundlage fachlichen Wissens und Könnens Aufgaben und Probleme zielorientiert, sachgerecht, methodengeleitet und selbstständig zu lösen und das Ergebnis zu beurteilen.
- Personalkompetenz bezeichnet schließlich die Fähigkeit und Bereitschaft, die eigene Entwicklung zu reflektieren und in Bindung an individuelle und gesellschaftliche Wertvorstellungen weiter zu entfalten.
- Sozialkompetenz beinhaltet die Fähigkeit und Bereitschaft, soziale Beziehungen und Interessen zu erfassen und zu verstehen sowie sich mit Anderen verantwortungsbewusst auseinander zu setzen und zu verständigen.

Die Kultusministerkonferenz greift in wesentlichen Teilen auf die Ausführungen des Deutschen Bildungsrates zurück. Ein genauerer Blick verdeutlicht allerdings, dass die vom Bildungsrat vertretenen kritischen Zielorientierungen, so auch die Leitvorstellung eines reflexiven Subjekts, in den 1980er und 1990er Jahren an Bedeutung verloren haben und der Begriff Humankompetenz – wie dargestellt – durch den in Unternehmen üblichen Begriff der Personalkompetenz ersetzt worden ist. Relativ einheitlich wird jedoch die Auffassung vertreten, dass es sich bei den drei Kompetenzen um Kompetenzdimensionen oder Hauptkompetenzen handelt, denen andere Kompetenzen untergeordnet sind. In Rückgriff auf die KMK-Ausführungen ist eine umfassende berufliche Handlungskompetenz folgendermaßen zu definieren:

Berufliche Handlungskompetenz
Berufliche Handlungskompetenz ist die Fähigkeit und Bereitschaft, in beruflichen Situationen fach-, personal- und sozialkompetent zu handeln und seine Handlungsfähigkeit in beruflicher und gesellschaftlicher Verantwortung weiter zu entwickeln. Unter einer umfassenden beruflichen Handlungskompetenz ist die Einheit von Fachkompetenz, Sozialkompetenz und Personalkompetenz zu verstehen. Andere Kompetenzen von der Methodenkompetenz über die Lernkompetenz bis zur Sprachkompetenz sind Teil dieser drei übergeordneten Kompetenzdimensionen bzw. liegen quer dazu.

Die umfassende berufliche Handlungskompetenz hat sich als Leitziel in der beruflichen Bildung weitgehend durchgesetzt, und zwar sowohl in der beruflichen Erstausbildung als auch in der Weiterbildung. Das Konzept ist mit dem manifesten Anspruch verbunden, eine über die Qualifizierung hinausgehende Bildungsarbeit zu ermöglichen (vgl. Arnold/Steinbach 1998; Dehnbostel 2001a, S. 76ff.) und damit nicht mehr wie bisher vorrangig die Verwertungsperspektive, sondern die des Subjekts zu betonen. Es gibt auch andere Bestimmungen beruflicher Handlungskompetenz, indem zum Beispiel die Methodenkompetenz zusätzlich oder alternativ als Kompetenzbereich aufgenommen wird, vor allem aber indem die Kompetenzen in ihren wissenschaftstheoretischen Begründungen unterschieden und demzufolge unterschiedlich ausgerichtet werden. Gemeinsam ist den Bestimmungen und Konzepten zur beruflichen Handlungskompetenz aber durchweg der Verweis auf drei oder vier Kompetenzbereiche oder Dimensionen sowie ihr subjektbezogener Ansatz, der das selbstgesteuerte und erfahrungsbezogene Lernen herausstellt.

2.3 Kompetenzentwicklung und berufliches Handeln

Die Konstitution und Entwicklung beruflichen Handelns in der Arbeit lässt sich durch zwei Bestimmungsgrößen genauer erfassen: Zum einen durch die individuell – an unterschiedlichen Lernorten – erlangte berufliche Handlungskompetenz und die sich daran anschließende Kompetenzentwicklung, zum anderen durch die jeweils bestehenden Arbeits- und Handlungsbedingungen, die auch als Strukturen und Gegebenheiten bezeichnet werden können und in denen der Einzelne mit seiner jeweiligen beruflichen Handlungskompetenz wirksam wird. Nach Zeiten längerer Arbeitstätigkeit kommt diesen eine entscheidende Bedeutung zu, da die jeweiligen Unternehmensbedingungen nicht nur auf die Kompetenzentwicklung und das berufliche Handeln einwirken, sondern diese nach Zeiten der Schule und Ausbildung auch vorrangig prägen.

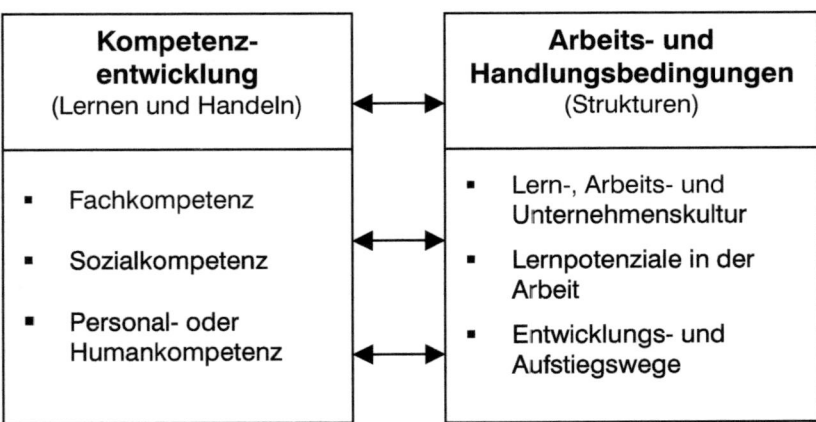

Abbildung 2.2:
Konstituierende Elemente beruflichen Handelns in der Wechselwirkung von Struktur und Handlung

Die im Rahmen des beruflichen Handelns und Lernens in der Arbeit erfolgende Kompetenzentwicklung bezieht sich, wie aus der Abbildung zu ersehen ist, auf die im vorherigen Abschnitt beschriebene Einheit von Fachkompetenz, Sozialkompetenz und Personalkompetenz. Unter den damit in Wechselbeziehung stehenden Strukturen bzw. Arbeits- und Lernbedingungen sind vor allem die Lern-, Arbeits-

und Unternehmenskultur, Lernpotenziale in der Arbeit und Entwicklungs- und Aufstiegswege zu verstehen.

Die Lernkultur eines Unternehmens als Gesamtheit der für das Lernen bedeutsamen Gegebenheiten, Sinn- und Wertgehalte ist in betrieblichen Zusammenhängen immer mit der Arbeits- und Unternehmenskultur verbunden. Sie ist wesentlicher Teil der jeweils vorherrschenden Arbeits- und Lernbedingungen und wirkt auf das berufliche Handeln. Eine Lernkultur ergibt sich „aus der Zusammenführung der geltenden Lebensweise einer Gruppe von Menschen (Kultur) mit den Herausforderungen an die individuellen Verhaltensdispositionen oder sozialen Verhaltensgewohnheiten und die damit verbundene Lerntätigkeit" (Weinberg 1999, S. 88). Dies bezieht sich natürlich auch auf das Lernen in der Arbeit, auch wenn das Lernen informell erfolgt.

Lernkulturen verändern sich u.a. durch Reorganisationen und Umstrukturierungen von Unternehmen und Produktionssystemen. In Verbindung mit prospektiv angelegten Personal- und Organisationsentwicklungskonzepten wird zunehmend versucht, innovative Lernkulturen herzustellen, die in ihren charakteristischen Merkmalen deutlich von herkömmlichen zu unterscheiden sind (vgl. Dehnbostel 2001b, S. 88f.). Eine innovative betriebliche Lernkultur zeichnet sich u.a. dadurch aus, dass Lernen innerhalb von Unternehmen nicht nur auf Seminare begrenzt ist, sondern auch während der Arbeit als Erfahrungslernen in informellen Lernumgebungen stattfinden kann. Durch diese Entgrenzung des Lernens bleibt das Lernen weder zwingend an bestimmte Lernorte noch an bestimmte Methoden und Instrumente gebunden. Auch sind die Lerninhalte in diesen Lernumgebungen nicht vorgegeben und abgeschlossen wie in seminarförmigen Maßnahmen, sondern abhängig von den jeweiligen Arbeitskontexten der Beschäftigten.

Zugleich ist das Lernen in einer innovativen Lern- und Arbeitskultur aber nicht als beliebig oder kontextlos anzusehen. Vielmehr wird dort an das im vorherigen Abschnitt angesprochene selbstgesteuerte und erfahrungsbezogene Lernen angeknüpft und der Zufälligkeit und Begrenztheit des Erfahrungslernens begegnet. Auch wenn die Arbeitenden ihre Arbeits- und Lernprozesse weitgehend selbstständig organisieren und steuern, werden im Rahmen von Innovations-, Optimierungs- und Weiterbildungsprozessen zunehmend Lernprozessbegleiter und Coachs in der Arbeit eingesetzt, die das Lernen fordern und fördern und die Reflexion von selbstgesteuerten Lernprozessen begleiten (vgl. hierzu Kapitel 5). Solcherart Ansätze sind bisher allerdings noch nicht allzu stark verbreitet. In jedem Fall hat die betriebliche Lernkultur, auch wenn sie nicht gezielt entwickelt wird, erhebliche Auswirkungen auf die Arbeits- und Lernbedingungen.

Für die Arbeits- und Lernbedingungen ist zudem wichtig, ob und in welchem Maße Lernpotenziale und Lernchancen in der Arbeit bestehen. Darauf bezogene lernrelevante Dimensionen sind in verschiedenen empirischen Studien festgestellt worden und werden in unterschiedlicher Weise als Kriterien oder Gestaltungsgesichtspunkte für die Herstellung lern- und kompetenzförderlicher Arbeit angesehen und verwandt. Die im Abschnitt 4.1 genauer behandelten Dimensionen bzw. Kriterien sind:

- vollständige Handlung/Projektorientierung
- Handlungsspielraum
- Problem- und Komplexitätserfahrung
- soziale Unterstützung/Kollektivität
- individuelle Entwicklung
- Entwicklung von Professionalität
- Reflexivität.

Die Selbststeuerung des Lernens bei der Kompetenzentwicklung des Einzelnen und von sozialen Gruppen steht im Mittelpunkt dieser Kriterien. Ob und inwieweit diese auf Arbeitssituationen zutreffen, ob sie auf das Lernen fördernd oder behindernd wirken, ist von übergeordneten Gegebenheiten wie der Arbeitsorganisation und den zu bearbeitenden Produkten oder Dienstleistungen abhängig. In einer vor allem Einzelprodukte herstellenden Werkzeugmaschinenfabrik werden per se, jenseits aller Gestaltungsmöglichkeiten, andere Lernpotenziale in der Arbeit anzutreffen sein als in einem Automobilzuliefererbetrieb oder im Dienstleistungsbereich. Zudem sind die Kriterien in Beziehung zum Entwicklungsstand des Einzelnen zu setzen. Je nach Fähigkeiten und Kompetenzstand können bestimmte Kriterien als Förderung oder auch als Behinderung des Lernens erlebt werden.

Auch Entwicklungs- und Aufstiegswege in der Arbeit oder in Verbindung mit ihr sind ein wichtiges Merkmal der bestehenden Arbeits- und Lernbedingungen, die das reale berufliche Handeln prägen. Die Organisation und Förderung von individuellen, beruflichen Entwicklungs- und Aufstiegswegen sind als Maßnahmen der Personalentwicklung und der betrieblichen Berufsbildung anzusehen. Im Prozess der Reorganisation von Unternehmen und der Verflachung von Hierarchien werden herkömmliche betriebliche Karrieremuster und Aufstiegsperspektiven immer stärker außer Kraft gesetzt. Dies führt dazu, dass sich auch das traditionelle Karriereverständnis wandelt und für einen langfristig gesicherten innerbetrieblichen Aufstieg immer weniger Aussichten bestehen. Angesichts dessen stellt sich für die Personalentwicklung und die Berufsbildung die dringende Aufgabe, alternative berufliche Entwicklungs- und Aufstiegswege zu schaffen, die stärker die Verbreiterung des individuellen Kompetenzprofils in den Blick nehmen (vgl. Dehnbostel 2001a, S. 85ff.). Neben innerbetrieblichen Entwicklungswegen ermöglichen neue Ansätze berufsbegleitender Weiterbildung andere Formen der beruflichen Entwicklung, wobei beispielhaft auf die Fortbildung im neuen IT-Weiterbildungssystem und duale Studiengänge hinzuweisen ist. Auf Entwicklungs- und Aufstiegswege und das IT-Weiterbildungssystem wird im nachfolgenden Kapitel 6 ausführlich eingegangen.

Berufliches Handeln findet in einem Spannungsfeld statt, das aus der Wechselwirkung von Handeln und Lernen einerseits und den Strukturen und Gegebenheiten bzw. Arbeits- und Lernbedingungen andererseits besteht. Dieses Spannungsfeld wird in einer Reihe von sozialwissenschaftlichen Aussagen und Studien thematisiert und untersucht. Wie Walgenbach ausführt, neigen wissenschaftliche Erkenntnisprozesse dazu, vom „institutionellen Kontext, in dem (und durch den) Organisationsmitglieder handeln (und handeln können), zu abstrahieren" oder sie tendieren dazu, „Verhalten in und von Organisationen ... als durch Zwänge determiniert zu betrachten" (2001, S. 356). In berufs- und erwachsenenpädagogischen Disziplinen wird die Gefahr einer Struktur- und Organisationsdominanz aus sozusagen wissenschaftsimmanenten, also bildungswissenschaftlichen Zielsetzungen sicherlich als außerordentlich hoch angesehen. Dies hat in der Vergangenheit u.a. dazu beigetragen, die bei Arbeits- und Alltagshandlungen auftretenden informellen Lernprozesse nicht in didaktische und pädagogische Konzepte aufzunehmen, da sie als Resultat fremdbestimmter Struktur- und Handlungsbereiche angesehen wurden. Konsequenterweise wurden sie dann auch als Sozialisationsprozesse interpretiert und der Sozialisationstheorie zugeordnet.

Dass der Dualismus von Handlungen und Strukturen sich häufig nicht als kompatibel oder integrationsfähig erweist, belegt die Praxis vielfach. Schon ein kurzer Blick auf eingesetzte Maßnahmen und Instrumente macht deutlich, dass für eine Vermittlung oder gar Integration reorganisierter Strukturen und über die Berufsbildung hergeleiteter Maßnahmen und Handlungen häufig keine Chance besteht. Einseitig betriebswirtschaftlich und unter kurzfristigen Kostengesichtspunkten bestimmte Arbeitsabläufe und -strukturen lassen zumeist keinen Raum für ein lern- kompetenzförderliches Arbeitshandeln, umgekehrt haben einseitig bestimmte Kompetenzentwicklungsmaßnahmen in Unternehmen kaum Realisierungschancen, da sie Kostengesichtspunkten nicht genügen.

Hier setzt nun die Strukturationstheorie mit einem anderen wissenschaftlichen Verständnis von Struktur und Handlung einschließlich praktisch-konzeptioneller Umsetzungen ein. Der Dualismus von Handlung und Struktur muss sich demnach keineswegs als Widerspruch oder Entgegensetzung zeigen oder als solcher aufgefasst werden. Es wird davon ausgegangen, dass Verhalten, Handlungen und Entwicklungsprozesse in Organisationen weder vorrangig von den Zwängen der Organisation noch einseitig vom Eigenwillen und der Selbstorganisation der Organisationsmitglieder bestimmt sind. Die Klärung des Verhältnisses von Handlung und Struktur in analytischer, theoriebildender und anwendungsorientierter Hinsicht ist das Anliegen strukturationstheoretischer Ansätze (vgl. u.a. Ortmann u.a. 1997; Goltz 1999; Walgenbach 2001). Gemeinsam ist den Ansätzen, dass sie auf der Strukturationstheorie des englischen Soziologen Giddens basieren, die in den Sozialwissenschaften von wachsender Bedeutung ist.

Nach Giddens ist das Verhältnis von Struktur und Handeln in den Sozialwissenschaften nicht hinreichend geklärt, was u.a. dazu beigetragen habe, dass sich dualistische Sichtweisen durchsetzen und erhalten konnten. Strukturen sind nicht einseitig unter dem Gesichtspunkt äußerer Rahmenbedingungen in den Blick zu nehmen, sondern sie sind zugleich „als Produkt und Medium des Handelns sozialer Akteure" anzusehen (Goltz 1999, S. 75). Es ist zwischen individuellen Handlungen und objektiv ausgerichteten Strukturen zu vermitteln, womit der Dualismus durch die „Dualität von Struktur" ersetzt wird. Walgenbach charakterisiert dies folgendermaßen: „Zentrales Anliegen der Theorie der Strukturierung ist die Überwindung des Dualismus zwischen Handlung und Struktur in der Sozial- und Organisationstheorie" (2001, S. 356).

In einer Verbindung von Makrotheorie und Mikrotheorie stellt die Strukturationstheorie nicht nur eine Vermittlung beider Ansätze dar, sondern konstituiert eine allgemeine oder Sozialtheorie, die gemeinhin getrennte Struktur- und Organisationsannahmen und individuelle Handlungen und Verhaltensweisen integriert. Das in der Theorie geschaffene begriffliche Instrumentarium soll in der methodischen und empirischen Forschung Anwendung finden und Erkenntnisse hinsichtlich des Verständnisses und der Erklärung des Handelns von und in Organisationen liefern. Handeln bezieht sich dabei immer auf das handelnde Subjekt und dessen Handlungssteuerung ist immer eine reflexive, die das Umfeld einbezieht und sich nicht nur auf das eigene Verhalten, sondern auch das anderer richtet. Handlungen erfolgen nach Giddens immer in einem bestimmten Kontext und unter Bezugnahme auf Strukturen, sie haben im Allgemeinen trotz der Intentionalität, der Reflexion und des Bewusstseins der Handelnden unbeabsichtigte Folgen.

Die Entwicklung beruflichen Handelns lässt sich in diesen Theorieansatz einordnen. Wie erörtert, verbinden sich im beruflichen Arbeitshandeln die Handlungskompetenz und die strukturell bestimmten Arbeits- und Lernbedingungen. Die Entwicklung von Kompetenzen im realen Arbeitshandeln wirkt auf die Strukturen, die ihrerseits – und hierin besteht der für die Strukturation typische rekursive Prozess – auf die Kompetenzentwicklung rückwirken und diese mit prägen. Somit besteht unter strukturationstheoretischen Gesichtspunkten eine Wechselwirkung von Lernhandeln und Strukturen bzw. von Handlungskompetenz und Arbeits- und Lernbedingungen, die es bewusst zu gestalten gilt.

In der betrieblichen Praxis findet eine solche Gestaltung bisher nur sehr eingeschränkt statt. Wie von Walgenbach für wissenschaftliche Erkenntnisprozesse ausgeführt, ist auch praktisch-konzeptionell eher ein Dualismus als eine Dualität festzustellen. Während herkömmliche berufspädagogische Konzepte einseitig die Subjekte unter lern- und bildungstheoretischen Gesichtspunkten in den Vordergrund stellen und den Strukturen eine untergeordnete oder funktionale Bedeutung beimessen, dominieren in der betrieblichen Anpassungsqualifizierung die strukturellen Gegebenheiten, denen die Qualifizierung und die Kompetenzentwicklung untergeordnet werden. Angesichts der Zielsetzung des Erwerbs einer umfassenden beruflichen Handlungsfähigkeit erweisen sich beide Ansätze als einseitig bzw. verkürzt, geht es doch um ihre Verbindung, um die Berücksichtigung der Wechselseitigkeit von Lernen bzw. Arbeitshandeln und Strukturen. Dazu ist der bestehende Dualismus von Handlung und Struktur in eine Dualität zu transformieren, in der zwischen individuellen Lern- und Handlungsprozessen zum Kompetenzerwerb und betrieblichen Arbeitsbedingungen und Organisationsstrukturen vermittelt wird. Eine Dualität ist dann hergestellt, wenn sich Handlungen und Strukturen in rekursiven Prozessen gegenseitig positiv bedingen und förderlich aufeinander wirken. In den weiter unten vorgestellten Konzepten zur Verbindung von Arbeiten und Lernen und neuen Lernformen in der Arbeit wird dies gezielt umgesetzt.

2.4 Reflexivität und reflexive Handlungsfähigkeit

Der Begriff der Reflexivität wird weder einheitlich definiert noch verwendet. In der beruflichen Bildung und Weiterbildung sowie der Arbeits- und Organisations-psychologie wird Reflexion vor allem im Kontext von Lernen und Kompetenz-entwicklung gesehen. Von Seiten der Unternehmen und der Qualifikations- und Kompetenzanforderungen wird Reflexion zunehmend gefordert, um den wachsen-den Innovations- und Kommunikationserfordernissen in der Arbeit gerecht zu werden.

Bereits für Dewey stellte die Reflexivität eine zentrale Denkkategorie dar: „Re-flektierendes Denken besteht in einem regen, andauernden sorgfältigen Prüfen von etwas, das für wahr gehalten wird, und zwar im Lichte der Gründe, auf die sich die Ansicht stützt und der weiteren Schlüsse, denen sie zustrebt" (1910/1951, S. 6).

Ein anderes, auch schon als klassisch zu bezeichnendes Modell der Re-flexivität basiert auf Schöns „The reflective practitioner" (1983). Schön vertieft in seinem Ansatz Deweys Idee eines Lernens aus Erfahrung durch Reflexivität. Reflexivität ist nach Schön ein Dialog zwischen Denken und Handeln, der dem Praktiker ermöglicht, seine mit komplexen Problemen behafteten Aufgaben zu bewältigen. Er unterscheidet bei der Problemlösung durch professionelles Handeln zwei Reflexionsarten: die Reflexion in der Handlung und die Reflexion über die Handlung.

Die **Reflexion in der Handlung** ermöglicht es dem Praktiker, Handlungs-probleme, bei denen ihm sein stillschweigendes Wissen (tacit knowledge) nicht mehr hilft, durch Reflexion zu lösen, während die Handlung ausgeführt wird. Re-flexion dieser Art setzt ein Bewusstsein über eigenes Wissen voraus, muss aber von dem Praktiker nicht unbedingt in verbalisierter Form artikuliert werden kön-nen, sondern kann auch implizit bleiben. Das Ergebnis ist ein situativ abge-stimmtes Handeln (vgl. ebd., S. 9). Die zweite Reflexionsart, **die Reflexion über Handlung**, ist ein bewusstes Zurücktreten oder Aussteigen aus dem Handlungs-fluss zum Zwecke der Reflexion über eine bereits ausgeführte Handlung oder noch auszuführenden Handlungen. Die reflexive Betrachtung erfolgt, indem die Hand-lung kognitiv begrifflich oder bildhaft gefasst, gespeichert und analysiert wird. Dazu wird das Handlungswissen explizit formuliert, es wird so analysierbar und reorganisierbar. Gravierende Handlungsprobleme, die auf Unzulänglichkeiten oder Fehler in dem Handlungswissen zurückzuführen sind, können durch eine Ver-änderung des Wissens behoben werden. Zudem wird das Wissen mitteilbar und damit der Diskussion und Kritik zugänglich.

Aktuell spricht Lash von einer zweifachen Reflexivität: der strukturellen Refle-xivität und der Selbstreflexivität (1996, S. 203f.). Die **strukturelle Reflexivität** hat die Bewusstmachung der Regeln und Ressourcen und der eigenen Strukturen und sozialen Existenzbedingungen der Handelnden zum Ziel. Bei der Selbstreflexivität tritt an die Stelle der früheren heteronomen Bestimmung der Handelnden die Eigenbestimmung. Die **Selbstreflexivität** beschreibt also das Reflektieren der Handelnden über sich selbst. Diese Fähigkeit zur Reflexion und damit zur Distan-zierung von sich selbst und den umgebenden Strukturen wird durch die Biographie und die darin enthaltenen Bildungs- und Entwicklungsschritte bestimmt, beeinflusst diese aber wiederum rekursiv. Eigenbestimmung und Persönlichkeitsbildung sind so mit der Fähigkeit zur Selbstreflexion und dem Erkennen gesellschaftlich-betrieblicher Vorgänge aus eigenem Urteil untrennbar verbunden. Im realen Arbeitsvollzug bedeutet Reflexivität demnach, in Verbindung mit der Vorbereitung, Durchführung und Kontrolle von Arbeitsaufgaben sowohl über Arbeitsstrukturen als auch über sich selbst zu reflektieren.

Reflexivität (Lash)	Reflexivität in der Arbeit
Strukturelle Reflexivität	Hinterfragen und Mitgestalten von Arbeit, Arbeitsumgebungen, Arbeitsstrukturen
Selbst-Reflexivität	Reflexion über eigene Kompetenzen (beruflich und privat), Gestaltung der eigenen Kompetenzentwicklung

Abbildung 2.3:
Zweifache Reflexivität

Die Reflexivität ist somit in mehrfacher Hinsicht eine für die berufliche Handlungsfähigkeit zentrale Kategorie, die es rechtfertigt, von der reflexiven Handlungsfähigkeit als einer über die berufliche Handlungskompetenz hinausgehenden Zielsetzung beruflicher Bildung zu sprechen (vgl. Elsholz 2002, S. 37ff.; Gillen 2006, S. 78ff). Ist die „Handlungsfähigkeit als Zielpunkt aller Kompetenzentwicklung" (Erpenbeck/Heyse 1996, S. 37) anzusehen, so ist mit der reflexiven Handlungsfähigkeit darüber hinaus die Qualität und Souveränität des realen Handlungsvermögens angesprochen. Die Reflexivität bedeutet ein Abrücken vom unmittelbaren Arbeitsgeschehen, um Ablauforganisation, Handlungsabläufe und -alternativen zu hinterfragen und in Beziehung zu eigenen Erfahrungen und zum eigenen Handlungswissen zu setzen. Dabei bezieht sich die Handlungsfähigkeit sowohl auf die berufliche Handlungskompetenz als auch die Arbeits- und Lernbedingungen sowie die im vorherigen Abschnitt thematisierten Wechselbeziehungen zwischen beiden.

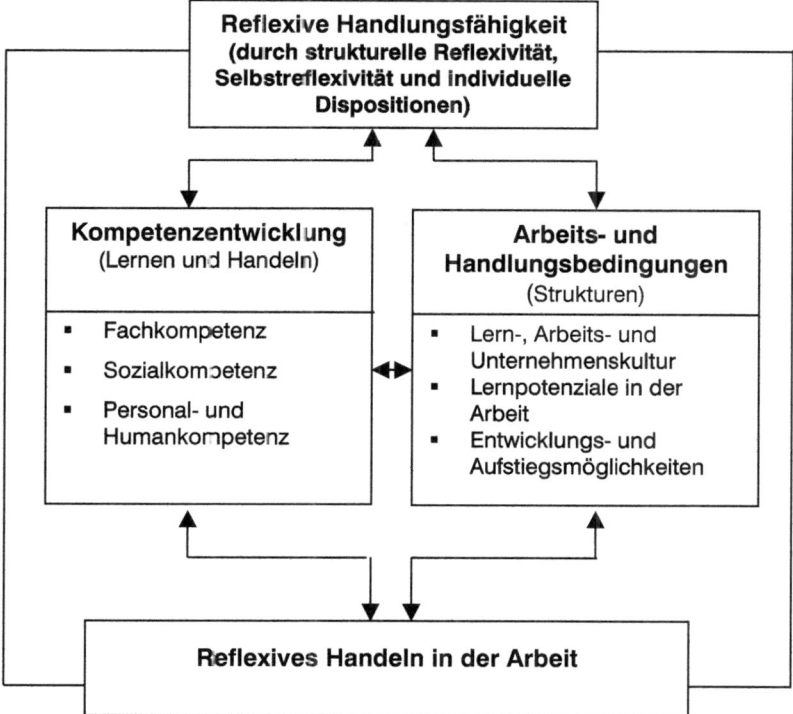

Abbildung 2.4:
Bedingungsrahmen reflexiver Handlungsfähigkeit

Reflexive Handlungsfähigkeit heißt unter den Optionen moderner Unternehmens- und Organisationskonzepte immer zugleich die Ermöglichung von ganzheitlicher Facharbeit und damit verbundener Innovations- und Gestaltungsfähigkeit im Kontext selbstgesteuerten und arbeitsprozessorientierten Lernens. Die in Wechselbeziehung zur Kompetenzentwicklung und zu den Arbeits- und Handlungsbedingungen stehende reflexive Handlungsfähigkeit zeichnet sich nicht nur durch strukturelle und Selbstreflexion aus, sondern gleichermaßen durch individuelle Dispositionen wie Persönlichkeitseigenschaften, Werthaltungen und Emotionen. Diese Eigenschaften sind zum einen in die Kompetenzentwicklung integriert, zum anderen bestehen sie als autonome individuelle Dispositionen und wirken somit doppelt auf die reflexive Handlungsfähigkeit. Zusammenfassend ist reflexive Handlungsfähigkeit in der Arbeit folgendermaßen zu bestimmen:

Reflexive Handlungsfähigkeit

Reflexive Handlungsfähigkeit in der Arbeit heißt, im Prozess der Vorbereitung, Durchführung und Kontrolle von Arbeitsaufgaben sowohl über die Strukturen und Umgebungen als auch über sich selbst zu reflektieren. Reflexivität meint die bewusste, kritische und verantwortliche Einschätzung und Bewertung von Handlungen auf der Basis eigener Erfahrungen und verfügbaren Wissens. Dabei geht es gleichermaßen um eine auf die Umgebung gerichtete strukturelle Reflexivität als auch um eine auf das Subjekt gerichtete Selbst-Reflexivität. In prinzipieller Erweiterung der beruflichen Handlungskompetenz stellt die reflexive Handlungsfähigkeit ein Handlungsvermögen dar, das sich prinzipiell aus den sich wechselseitig bedingenden Faktoren einer umfassenden beruflichen Handlungskompetenz, Arbeits- und Lernbedingungen und individuellen Dispositionen zusammensetzt.

Reflexive Handlungsfähigkeit zeigt insgesamt das Vermögen, durch Lern- und Reflexionsprozesse vorgegebene Situationen und überkommene Sichtweisen zu hinterfragen, zu deuten und in handlungsorientierter, kompetenzbasierter Absicht zu bewerten. So erst werden Bildungsprozesse möglich, „denn diese schließen eine Distanzierung des Verstandes von der gegenständlichen Welt, um sie gedanklich erfassen zu können, notwendig mit ein" (Bender 1991, S. 63). Die reflexive Handlungsfähigkeit in ihren strukturellen und subjektbezogenen Dimensionen ermöglicht die Distanzierung und praxisbezogene Rückbindung von Erfahrungen, oder wie Bender es ausdrückt: „Erst das theoretische Verstehen von Erfahrungen ermöglicht auch den selbstbestimmten praktischen Umgang mit ihnen" (ebd.). Qualifizierung als reines Anpassungslernen, welches auf die bloße Verwertung von Lernprozessen für notwendige Arbeitshandlungen gerichtet ist, steht hierzu konträr, wohingegen der subjektbezogene Lernansatz in der Kompetenzentwicklung verstärkte Möglichkeiten bietet, die Entwicklungs- und Bildungsdimension einzubeziehen.

Fragen zum Themenbereich „Lernen, Kompetenzentwicklung und Reflexivität"

- Mit der Renaissance und dem Wandel des Lernens in modernen Arbeitsprozessen sind neue Lernorientierungen in der Arbeit entstanden, und es wird angenommen, dass der Erwerb der beruflichen Handlungskompetenz wesentlich im Prozess der Arbeit erfolgt. Was sind die Gründe hierfür und worin bestehen die Grenzen des Erwerbs beruflicher Handlungskompetenz in der Arbeit? Welche Theorieansätze erfassen das Lernen in der Arbeit?
- Berufliches Handeln in der Arbeit konstituierte sich in der Wechselwirkung von Struktur und Handlung und erfordert eine zunehmende Reflexivität. Die reflexive Handlungsfähigkeit gibt den Bedingungsrahmen für ein reflexives berufliches Handeln an. Wie ist die reflexive Handlungsfähigkeit bestimmt, worin liegt der Wert einer strukturationstheoretischen Betrachtung der Wechselwirkung von Struktur und Handlung?

Literatur zur Vertiefung

Arnold, R./Steinbach, S. (1998): Auf dem Weg zur Kompetenzentwicklung? Rekonstruktionen und Reflexionen zu einem Wandel der Begriffe. In: Markert, W. (Hg.): Berufs- und Erwachsenenbildung zwischen Markt und Subjektbildung. Baltmannsweiler, S. 22–32

Dehnbostel, P. (2001a): Perspektiven für das Lernen in der Arbeit. In: AG QUEM (Hg.): Kompetenzentwicklung 2001. Tätigsein – Lernen – Innovation. Münster u.a., S. 53–93

Gillen, J. (2006): Kompetenzanalysen als berufliche Entwicklungschance. Eine Konzeption zur Förderung beruflicher Handlungskompetenz. Bielefeld, Kapitel 3, S. 57ff.

Reinmann-Rothmeier, G./Mandl, H. (2001): Lernen in Unternehmen: Von einer gemeinsamen Vision zu einer effektiven Förderung des Lernens. In: Dehnbostel, P./Erbe, H./Novak, H. (Hg.): Berufliche Bildung im Lernenden Unternehmen. Berlin, S. 195–216

3 Arbeiten und Lernen verbinden

Wie der betriebliche Wandel und die wachsende Bedeutung von Lern- und Wissensprozessen in der Arbeit zeigen, wird die Verbindung von Lernen und Arbeiten zunehmend wichtiger. Vor allem das Lernen in der Arbeit ermöglicht dem Einzelnen im Beschäftigungssystem den Erwerb von Handlungskompetenz und reflexiver Handlungsfähigkeit. In der Arbeit wird auf das Erfahrungswissen zurückgegriffen und zugleich über neue Erfahrungen ein Kompetenzzuwachs ermöglicht. Dem Erfahrungslernen und dem informellen Lernen kommen in modernen Arbeitsprozessen ein hoher Stellenwert zu, wobei sie in neuen betrieblichen Lern- und Innovationsstrategien immer häufiger mit formellem Lernen in Verbindung gebracht oder gar mit diesem integriert werden.

Aus unternehmerischer Sicht sollen durch die Verbindung von Arbeiten und Lernen Arbeitsorganisation und Arbeitsprodukte verbessert, ein modernes betriebliches Wissensmanagement und die Innovationsfähigkeit optimiert werden. Das informelle Lernen erhält erhöhte Aufmerksamkeit, da es weitaus geringere Kosten verursacht als das formelle Lernen in organisierten Weiterbildungsmaßnahmen außerhalb des Arbeitsprozesses. Auch ist das informelle Lernen nicht mit einer hohen sozialen Selektion verbunden wie das formelle Lernen. Gleichwohl ist davon auszugehen, dass informelles Lernen ohne pädagogische Arrangements, ohne Organisation und Zielorientierung Gefahr läuft, zufällig und beliebig zu bleiben.

Anhand der im folgenden Abschnitt 3.1 beschriebenen Modelle arbeitsbezogenen Lernens soll zunächst das vielfältige Verhältnis von Arbeiten und Lernen in der Berufsbildung und Weiterbildung systematisch dargestellt werden. Abschnitt 3.2 behandelt die Lernarten des organisierten bzw. formellen und des informellen Lernens und die durch sie generierten Wissensarten. Im abschließenden Abschnitt 3.3 werden Konzepte zur Verbindung von Arbeiten und Lernen erörtert. Die beispielhafte Darstellung von Konzepten gibt einen Einblick in entwickelte und erprobte Innovationen auf diesem wichtigen Gebiet der betrieblichen Bildungsarbeit.

3.1 Modelle arbeitsbezogenen Lernens

Eine Analyse und Bestandsaufnahme von Modellen des Lernens in und über Arbeit liegt in der Berufsbildungsforschung und verwandten Disziplinen nicht vor. Allerdings gab es immer wieder Versuche und Ansätze dazu (u.a. Münch 1990, S. 150ff.; Drexel/Welskopf 1994, S. 303ff.; Georg 1996, S. 650ff.), ohne dass diese zu einer hinreichenden und tragfähigen Modellbildung oder Typologie geführt hätten. Eine einheitliche Typologie wird es sicherlich auch nicht geben können, da aus dem Blickwinkel verschiedener Disziplinen, unterschiedlicher Kriterien und wissenschaftstheoretisch-methodologischer Sichtweisen in der Regel Modellbildungen oder Typologien unterschiedlich ausfallen. Unerlässlich sind solcherart Modellbildungen aber für die Verständigung zwischen den Disziplinen und stärker noch für den Vergleich und die Auseinandersetzung mit verschiedenen Konzepten und Formen der Verbindung von Arbeiten und Lernen.

Für die Kompetenzentwicklung und das auf Arbeit bezogene Lernen gibt es unterschiedliche Modelle, vom unmittelbaren Lernen in der Arbeit bis zum Lernen über Simulationen. Generell sind unter der Bezeichnung „arbeitsbezogenes Lernen" betriebliche, außerbetriebliche und schulische Konzepte, Lernformen und Maßnahmen zu verstehen, die in ihren Lernprozessen und Lerninhalten von Arbeit und Arbeitsabläufen geleitet sind bzw. auf diesen basieren. Es findet ein Lernen in und über Arbeit statt, das ein breites Spektrum an Orientierungen und Verständnissen umfasst. Dies drückt sich bereits in verschiedenen Unterbegriffen wie Lernen am Arbeitsplatz, Lernen in der Arbeit, arbeitsintegriertes Lernen, arbeitsprozessorientiertes Lernen, arbeitsplatznahes Lernen und dezentrales Lernen aus.

Dieser Vielfalt entsprechend, gestaltet sich arbeitsbezogenes Lernen in seinem Bezug zur Arbeit recht unterschiedlich. Unter dem lernorganisatorischen Aspekt des Verhältnisses von Lernort und Arbeitsort hat sich die Unterscheidung des arbeitsbezogenen Lernens in drei Varianten als theoretisch und praktisch sinnvoll erwiesen (Dehnbostel 1992, S. 12f.; Derselbe 2001a, S. 55f.):

- Beim **arbeitsgebundenen Lernen** sind Lern- und Arbeitsort identisch. Das Lernen findet am Arbeitsplatz oder im Arbeitsprozess statt. Beispiele sind Training on the Job und Lerninseln.
- Beim **arbeitsverbundenen Lernen** sind Lernort und realer Arbeitsplatz getrennt, gleichwohl besteht zwischen ihnen eine direkte räumliche und arbeitsorganisatorische Verbindung, so z.B. in Qualitätszirkeln und Lernstätten.
- **Arbeitsorientiertes Lernen** findet an zentralen Lernorten wie Bildungszentren und berufsbildenden Schulen statt. Hier werden Übungs- und Auftragsarbeiten in Umgebungen durchgeführt, die der Arbeitsrealität möglichst stark angenähert sind, wobei immer eine entscheidende Differenz zu authentischen Arbeitsumgebungen und -realitäten besteht. Übungsfirmen und Produktionsschulen sind Beispiele hierfür.

Zusammenfassend ist arbeitsbezogenes Lernen begrifflich folgendermaßen zu fassen:

Arbeitsbezogenes Lernen

Arbeitsbezogenes Lernen bezeichnet Lernprozesse, die sich auf Arbeit und Arbeitsprozesse beziehen. Der Begriff ist semantisch weit gefasst und enthält zahlreiche Unterbegriffe wie arbeitsprozessorientiertes und arbeitsplatznahes Lernen. Um das Verhältnis von Arbeitsort und Lernort näher zu kennzeichnen, werden beim arbeitsbezogenen Lernen die Formen des arbeitsgebundenen, arbeitsverbundenen und arbeitsorientierten Lernens unterschieden. Beim arbeitsgebundenen Lernen sind Lernort und Arbeitsort identisch, das Lernen ist an den Arbeitsplatz gebunden. Beim arbeitsverbundenen Lernen sind Lernort und realer Arbeitsplatz getrennt, obwohl zwischen ihnen eine direkte räumliche und organisatorische Verbindung besteht. Arbeitsorientiertes Lernen findet in zentralen Bildungseinrichtungen außerhalb der Arbeit statt.

Betrachtet man das arbeitsbezogene Lernen unter lernorganisatorischen und didaktisch-methodischen Gesichtspunkten, so lassen sich die folgenden fünf Modelltypen unterscheiden, denen unterschiedliche Konzepte und Lernformen zuzuordnen sind.

Modelle arbeitsbezogenen Lernens	Konzepte und Lernformen
(1) Lernen durch Arbeitshandeln im realen Arbeitsprozess (arbeitsgebundenes Lernen)	Traditionelle Beistelllehre; Anpassungsqualifizierung; Lernen in der Arbeit; Communities of Practice
(2) Lernen durch Instruktion, systematische Unterweisung am Arbeitsplatz (arbeitsgebundenes Lernen)	Unterweisungsformen; Anlernformen; Cognitive Apprenticeship
(3) Lernen durch Integration von informellem und formellem Lernen (arbeitsgebundenes oder -verbundenes Lernen)	Qualitätszirkel; Lernstatt; Lerninsel; Arbeits- und Lernaufgaben; Structured Learning on the Job
(4) Lernen durch Hospitationen sowie durch Erkundungen (arbeitsverbundenes und arbeitsgebundenes Lernen)	Betriebliche Praktika, Betriebliche Versetzungsstellen und Rotation; Benchmarking
(5) Lernen durch Simulation von Arbeitsprozessen (arbeitsorientiertes Lernen)	Produktionsschulen; Lernbüro; auftragsorientiertes Arbeiten in Bildungszentren

Abbildung 3.1:
Modelle arbeitsbezogenen Lernens

(1) Lernen durch Arbeitshandeln im realen Arbeitsprozess

Lernen durch Arbeitshandeln in der Arbeit ist nach wie vor die verbreitetste Form der beruflichen Qualifizierung. Es ist ein Lernen, das idealiter kognitive, affektive und psychomotorische Dimensionen gleichermaßen einbezieht. Über den Ernstcharakter von Arbeit werden Erfahrungen, Motivation und soziale Bezüge besonders angesprochen. Die Bedingungen und Orientierungen des Lernens in der Arbeit sind in hohem Maße von historischen, kulturellen und branchenspezifischen Gegebenheiten abhängig. Wie zu Beginn von Kapitel 1 erwähnt, wird schon in der traditionellen Beistelllehre durch Imitation und durch Vor- und Nachmachen gelernt. Dieses Lernen im realen Arbeitsprozess stimmt in vielen Punkten mit dem Lernen in „Communities of Practice" überein. Das „Praktikergemeinschaften-Konzept", das in ethnographisch orientierten Studien seinen Ursprung hat (Lave 1993; Wenger/Snyder 2000), beschreibt das situierte Lernen durch Handlungen und alltägliches Tun in einer Gemeinschaft praktisch tätiger Menschen. Über dieses Lernen werden nicht nur Wissen und Fähigkeiten weitergegeben, sondern ebenso Gewohnheiten, Einstellungen und Werte. Im Gegensatz zu einschlägigen schulischen Lern- und Lehrtheorien wird davon ausgegangen, dass erlerntes und erworbenes Wissen nicht von seiner Genese und seinen Umgebungssituationen abstrahiert werden kann und von daher die Situiertheit des

Lernens grundlegend ist. Aktuell wird das Lernen durch Arbeitshandeln im Arbeitsprozess durch unterschiedliche Qualifizierungsmethoden realisiert, vor allem aber über das informelle Lernen.

(2) Lernen durch Instruktion und systematische Unterweisung am Arbeitsplatz

In der betrieblichen Weiterbildung werden systematische Unterweisungen vor allem in der Anpassungs- und Einstiegsqualifizierung angewendet. In der dualen Ausbildung entsprechen sie zwar nicht den Grundsätzen moderner Methoden des selbstgesteuerten und selbstbestimmten Lernens, haben aber auch hier im Rahmen einer angezeigten Methodenpluralität weiterhin einen wichtigen Platz. Dem Meister, dem Gesellen oder der ausbildenden Fachkraft kommt eine Schlüsselrolle bei Instruktion und Unterweisung zu. Sie wählen die Arbeitsaufgaben aus, planen die Arbeitsorganisation und Arbeitsabläufe, weisen die Lernenden an, kontrollieren den Arbeitsfortschritt und bewerten die Arbeitsergebnisse. Die Unterweisung erfolgt häufig durch die Vier-Stufen-Methode, d.h. durch Vorbereiten, Vormachen, Nachmachen und Üben. Diese und ähnliche herkömmliche Lernmethoden am Arbeitsplatz, so die analytische Arbeitsunterweisung und die handlungsregulatorische Unterweisung, können nur eingeschränkt zur Einlösung der oben erläuterten Zielsetzungen der Kompetenzentwicklung und der reflexiven Handlungsfähigkeit beitragen, da sie den Kriterien der Ganzheitlichkeit und Selbststeuerung nicht genügen. Diese Einschränkung trifft auch auf aktuelle instruktionspsychologische Ansätze zu, beispielsweise auf den vielfach rezipierten Ansatz des „Cognitive Apprenticeship" (Collins u.a. 1989), bei dem es im Kern um die Übertragung grundlegender Elemente der traditionellen Handwerkslehre, vor allem des Verhältnisses von Meister und Lehrling, auf den Erwerb von vorrangig kognitiv bestimmten Kompetenzen geht.

(3) Lernen durch Integration von informellem und formellem Lernen

Lernen durch Integration von informellem und formellem Lernen erfolgt dadurch, dass diese – im folgenden Abschnitt 3.2 erörterten – Lernarten in neue Lernformen wie Lernstationen und Qualitätszirkel integriert werden. Sie haben in der Berufsbildung und Weiterbildung große Aktualität gewonnen, sind aber vorrangig in Groß- und zum Teil in Mittelbetrieben anzutreffen. Für Kleinbetriebe hat sich vor allem mit den Arbeits- und Lernaufgaben ein Konzept zur Integration formellen und informellen Lernens bewährt, das ebenso wie das Lernstation-Konzept im Abschnitt 3.3 dargestellt wird. Systematische Planungs- und Lernprozesse im unmittelbaren Arbeitsprozess finden auch im Konzept des „Structured Learning on the Job" statt (Jacobs 1999). Dieses in den 1980er Jahren aufgekommene strukturierte Lernen in der Arbeit, dessen Wurzeln in herkömmlichen Trainingsmethoden liegen, wird durch Materialien und Ausstattungen unterstützt. Auch hier werden informelles und formelles Lernen systematisch verbunden.

(4) Lernen durch Hospitationen und betriebliche Erkundungen

Betriebliche Praktika stellen ein arbeitsbezogenes Lernkonzept dar, bei dem Arbeits- und Betriebserfahrungen in schulische, berufliche und akademische Bildungsgänge oder Qualifizierungsmaßnahmen eingebunden werden. Während Praktikanten aus Schulen und Hochschulen vornehmlich einen Einblick in die Arbeitswelt erhalten sollen, um reale Erfahrungen zu machen und Theoriewissen zu vertiefen, wird für Aus- oder Weiterzubildende in inner- und zwischenbetrieblichen Erkundungen häufig ein gezielter Überblick auf Gebieten angestrebt, die im eigenen Unternehmen nicht vertreten sind. Im Rahmen von Qualifizierungsverbünden und Berufsbildungsnetzwerken werden neben gezielten Erkundungen auch Formen der Rotation praktiziert, die dem Erwerb von arbeitsplatz- oder berufsspezifischen Qualifikationen dienen. Auch werden zwischenbetriebliche Erkundungen zunehmend im Rahmen des Benchmarking als Lernform durchgeführt. Dem Vergleich von Methoden, Dienstleistungen und Organisationsprozessen kommt hierbei eine besondere Rolle zu. Diese Ansätze und Konzepte sind Ausdruck von organisierten, formellen Lernmaßnahmen, die aber ausdrücklich das informelle Lernen, das Lernen über Erfahrungen einbeziehen, ohne es formalisieren zu wollen.

(5) Lernen durch Simulation von Arbeitsprozessen

Arbeitsbezogenes Lernen in simulierten Arbeitsprozessen findet in Schulen, Hochschulen sowie inner-, über- und außerbetrieblichen Bildungszentren statt. Bekannte Konzepte und Lernformen sind Produktionsschulen, Lehrgänge, Übungsfirmen und auftragsorientiertes Arbeiten in Bildungszentren. Simulationen ermöglichen zwar kein authentisches Erfahrungslernen, das Lernen kann jedoch in starkem Maße durch realitätsnahe arbeitsorganisatorische, räumliche und ökonomische Kriterien beeinflusst werden. Simulation von Arbeitsprozessen zielt auf eine möglichst realitätsnahe Lernsituation, die die Aneignung komplexer Qualifikationen und Erfahrungen sowie deren Reflexion ermöglicht. Dass Simulationen in der beruflichen Bildung eher an Bedeutung gewinnen als verlieren, ist angesichts der Renaissance des Lernens in der Arbeit nicht als Paradoxon zu werten, sondern vor allem auf die steigende Komplexität vieler Arbeits- und Dienstleistungsprozesse zurückzuführen und zeigt die Gleichzeitigkeit des Ungleichzeitigen.

Das Spektrum unterschiedlicher Modelle und Konzepte arbeitsbezogenen Lernens wird sicherlich auch in Zukunft bestehen bleiben oder sich sogar weiter differenzieren. Inwieweit dabei das Lernen in der Arbeit das herkömmlich organisierte Lernen außerhalb der Arbeit ergänzt oder ersetzt, ist beim heutigen Stand der Entwicklung und Forschung kaum zu beurteilen. In jedem Fall ist davon auszugehen, dass der Erwerb einer umfassenden beruflichen Handlungskompetenz letztlich nur unter Realbedingungen voll einzulösen ist und dabei dem informellen Lernen eine entscheidende Bedeutung zukommt. Was aber ist informelles Lernen und welchen Stellenwert hat es innerhalb des betrieblichen Lernens und der betrieblichen Lern- und Wissensarten?

3.2 Lern- und Wissensarten in der Arbeit

Ausgehend von empirischen Untersuchungen zum betrieblichen Lernen und vom Sprachgebrauch in der Berufsbildungspraxis und im Bildungsmanagement ist das Lernen grundsätzlich in die Lernarten des formellen und des informellen Lernens zu unterteilen (vgl. Dehnbostel 2001a, S. 72ff.). Wie bereits in der Einleitung erwähnt, basieren nach einschlägigen empirischen Untersuchungen 60–80 Prozent des Handlungswissens einer betrieblichen Fachkraft auf informellen Lernprozessen (vgl. Dohmen 2001, S. 7; Dehnbostel/Molzberger/Overwien 2003, S. 71f.). Es gibt ein weites Spektrum unterschiedlicher Definitionen und unterschiedlicher Verständnisse zum informellen und zum formellen Lernen. Letzteres ist begrifflich folgendermaßen zu charakterisieren:

Formelles Lernen

Formelles Lernen ist auf die Vermittlung festgelegter Lerninhalte und Lernziele in organisierter Form gerichtet. Es zielt auf ein angestrebtes bzw. vorgegebenes Lernergebnis und richtet die Lernprozesse didaktisch-methodisch und organisatorisch danach aus. Charakteristisch für formelles Lernen ist, dass

- es in einem organisierten, institutionell abgesicherten Rahmen stattfindet,
- es vorwiegend an didaktisch-methodischen Kriterien orientiert ist,
- Lernziele und Lerninhalte ausgewiesen werden und die Lernergebnisse überprüfbar sind,
- in der Lernsituation in der Regel eine professionell vorgebildete Person anwesend ist und eine pädagogische Interaktion zu den Lernenden besteht.

Beim informellen Lernen stellt sich im Gegensatz zum formellen Lernen in der Regel ein Lernergebnis ein, ohne dass es von vornherein bewusst angestrebt wird. Dies bedeutet nicht, dass im Prozess des informellen Lernens die Intentionalität fehlt. Sie ist jedoch auf andere Ziele und Zwecke und nicht auf Lernoptionen als solche gerichtet. Das informelle Lernen wird unterschiedlich definiert, und zwar sowohl national als auch international (vgl. Künzel 2004, S. 93ff.; Overwien 2002, S. 14ff.). Der Begriff wurde zwar bereits in der Bildungsreform um 1970 konzeptionell berücksichtigt, geriet danach aber wieder aus dem Blickfeld (vgl. Molzberger 2002, S. 59f.), um dann in der Diskussion zur Kompetenzentwicklung und zum Bildungsmanagement in den 1990er Jahre wieder aufgenommen zu werden. Im arbeits- und betriebsbezogenen Kontext lässt sich das informelle Lernen folgendermaßen charakterisieren:

Informelles Lernen

Informelles Lernen in der Arbeit ist ein Lernen über Erfahrungen, die in und über Arbeitshandlungen gemacht werden. Informelles Lernen

- ergibt sich aus Arbeits- und Handlungserfordernissen und ist nicht institutionell organisiert,
- bewirkt ein Lernergebnis, das aus Situationsbewältigungen und Problemlösungen hervorgeht,
- wird – soweit es nicht im Rahmen einer formellen Lernorganisation abläuft – nicht professionell pädagogisch begleitet.

Diese Lernart wird auch als „beiläufiges" oder „inzidentelles Lernen" bezeichnet, wobei die – zumeist disziplinorientiert verfassten – Begriffsbestimmungen auch mit unterschiedlichen Inhaltsausrichtungen verbunden sind. Die folgende tabellarische Übersicht zeigt eine Gegenüberstellung der Merkmale des informellen und des formellen Lernens:

Formelles Lernen	Informelles Lernen
<ul><li>organisiert und strukturiert</li><li>Lernorte in Bildungszentren, Schulen</li><li>Vermittlung curricular vorgegebener, auf ein Ergebnis angelegter Lern-inhalte</li><li>Vermittlung von Theoriewissen als zumeist reduziertes wissenschaftliches Wissen</li><li>pädagogisch-professionelle Begleitung der Lernprozesse</li><li>nur eingeschränkte Vermittlung von Sozial- und Personalkompetenz</li></ul>	<ul><li>unsystematisch, zufällig</li><li>Lernen in Arbeits- und Lebenswelten</li><li>beiläufiges Lernen, Lernergebnis wird nicht bewusst angestrebt</li><li>Erwerb von Erfahrungswissen durch Reflexion des in Handlungen Erfahrenen</li><li>ggf. Moderation von Reflexionsprozessen</li><li>gleichzeitiger Erwerb von Fach-, Sozial- und Personalkompetenz</li></ul>

Abbildung 3.2:
Merkmale des formellen und informellen Lernens

In der betrieblichen Berufsbildung hat es sich als notwendig und tragfähig erwiesen, beim informellen Lernen analytisch wiederum zwei Lernarten zu unterscheiden: das *reflexive* Lernen bzw. Erfahrungslernen einerseits und das *implizite* Lernen andererseits. Das folgende Modell betrieblichen Lernens nimmt diese Unterscheidung auf und stellt die betrieblichen Lern- und Wissensarten insgesamt im Überblick dar:

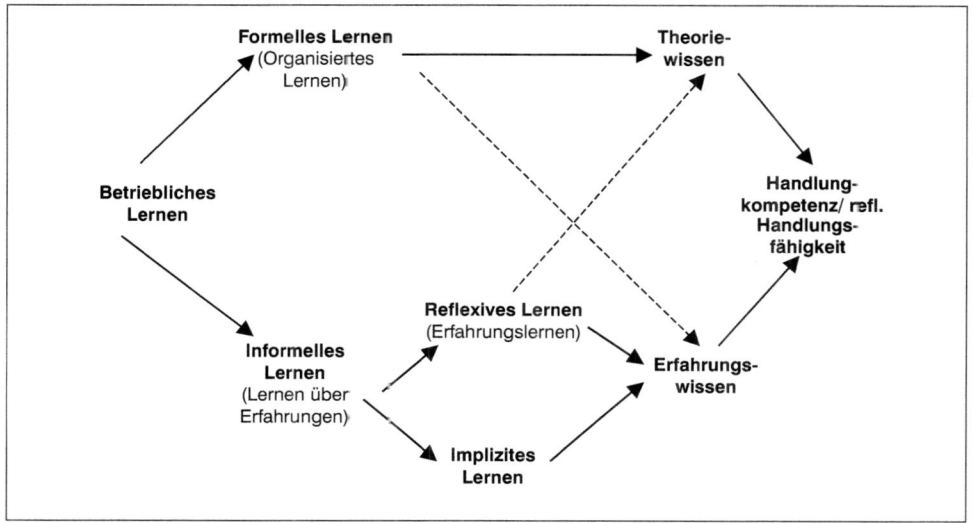

Abbildung 3.3:
Betriebliche Lern- und Wissensarten

Die Abbildung zeigt, dass das informelle Lernen zum Erfahrungswissen führt. Die Abfolge von Handlung – Erfahrung – Reflexion und deren kontinuierliche Fortführung unter Berücksichtigung vorheriger Erfahrungs- und Erkenntnisprozesse bildet den Prozess des Aufbaus von Erfahrungswissen, auf den in Abschnitt 2.3 näher eingegangen wurde. Auf der Basis von Selbsttätigkeit und Selbststeuerung wird die Wirklichkeit und Arbeitsrealität über Lern- und Erfahrungsprozesse individuell erschlossen. Das Theoriewissen ergibt sich demgegenüber aus dem formellen Lernen und führt in Synthese mit dem Erfahrungswissen zur beruflichen Handlungskompetenz bzw. reflexiven Handlungsfähigkeit. Wie mit den gestrichelten Linien gezeigt wird, können beim formellen Lernen zudem, wie bei jedem Lernvorgang, auch Erfahrungen gemacht und Erfahrungswissen gebildet werden, während beim Erfahrungslernen auch eine Theoriebildung erfolgen und Theoriewissen entstehen kann.

Wie aus den bisherigen Ausführungen und der Abbildung zu ersehen ist, wird der Begriff des reflexiven Lernens mit dem des Erfahrungslernens gleichgesetzt. Der Begriff Erfahrungslernen ist aus der Bildungsarbeit der 1960er und 1970er Jahre mit Erwachsenen übernommen worden und wird in der gegenwärtigen Diskussion häufig herangezogen. Eine gezielte theoretische Anknüpfung an die damit verbundenen Konzepte der Erwachsenenbildung (vgl. u.a. Gieseke-Schmelze 1985) und der gewerkschaftlichen Bildungsarbeit (vgl. u.a. Negt 1975) erfolgte aber bisher nicht. Hier wird mit Rückgriff auf die in Kapitel 2 erörterte Reflexivität dem Begriff des reflexiven Lernens Vorrang gegeben. Bei dem reflexiven Lernen werden Erfahrungen in Reflexionen eingebunden und führen zur Erkenntnis, was in der Regel allerdings voraussetzt, dass die Handlungen nicht repetitiv erfolgen, sondern mit Problemen, Herausforderungen und Ungewissheiten verbunden sind.

In sich ändernden Arbeitsprozessen und Umwelten ist dies im Allgemeinen der Fall.

Im Unterschied zum reflexiven Lernen generiert das implizite Lernen einen Lernprozess, dessen Verlauf und Ergebnis dem Lernenden nicht bewusst ist und der nicht reflektiert wird. Einschlägige Beispiele hierfür sind die Lernprozesse, die zum Schwimmen oder zum Fahrradfahren befähigen. Aber auch die Expertise des Schachmeisters und des erfahrenen Arztes oder Automechanikers erfolgt im Wesentlichen über implizite Lernprozesse. Lernen ist dabei ein eher unbewusster Prozess (vgl. Polany 1985). Es wird in der Situation unmittelbar erfahren, ohne dass Regeln und Gesetzmäßigkeiten erkannt oder gar zur Basis von strukturierten Lernprozessen gemacht würden (vgl. Fischer 1996; Neuweg 1999). Die folgende Darstellung zeigt Beispiele für die einzelnen Lernarten:

Lernart	Formelles Lernen	Informelles Lernen	
		Reflexives Lernen	**Implizites Lernen**
• Beispiele	• Seminar • Workshop • Lehrgang • Structured Learning on the Job	• Coaching • Communities of Practice (CoPs) • Kontinuierliche Verbesserungsprozesse (KVP) • Gruppensitzungen im Rahmen halbautonomer Gruppenarbeit	• Erfahrungsprozesse, die zu unbewussten und intuitiven Problemlösungen und Arbeitssteuerungen führen (Tacit Knowing) • Erfahrungsprozesse, die zu implizitem Regelwissen führen (Tacit Knowledge)

Abbildung 3.4:
Beispiele formellen und informellen Lernens

Formelles und informelles Lernen unterscheiden sich neben ihrer lern- und bildungstheoretischen Einordnung auch durch die Organisation bzw. den Organisationsgrad. Aus der unter Abschnitt 2.3 erörterten strukturationstheoretischen Sicht eröffnen sich damit im Hinblick auf die Wechselbeziehungen von Handlung und Struktur bzw. von Lernhandeln und Organisationsrahmen höchst unterschiedliche individuelle Entwicklungsprozesse. Formelles Lernen vollzieht sich in Kontexten, die einen vergleichsweise hohen Organisationsgrad aufweisen, wie in Seminaren und Workshops. Informelles Lernen richtet sich nicht an Kriterien der Lernorganisation aus. Während aber das reflexive Lernen im Anschluss an oder auch im Prozess der Ausübung von Arbeitshandlungen organisiert wird, so z.B. in Form von Coaching- und Verbesserungsprozessen, bleibt das implizite Lernen unorganisiert und in das Arbeitshandeln integriert. Es ist von daher auch nur indirekt über die Arbeitsperformanz oder über Analysekonzepte zugänglich, die das Unbewusste zum Gegenstand haben (vgl. Lehmkuhl 2002).

Der Bedeutungszuwachs informellen Lernens erklärt sich auch aus den engen Grenzen organisierter Lernprozesse, vor allem aber aus seiner Relevanz für die Kompetenzentwicklung und das reale Arbeits- und Berufswissen von Fachkräften. Gleichwohl lassen die Abhängigkeit von den jeweiligen Arbeits- und Handlungsprozessen dieses authentische Lernen nicht nur vorteilhaft erscheinen Welche Erfahrungen in der Arbeit gemacht werden, welche sinnlichen, kognitiven, emotionalen und sozialen Prozesse stattfinden, hängt wesentlich von den Arbeitsaufträgen und -gegenständen, der Ablauf- und Aufbauorganisation, den Sozialbeziehungen und der Unternehmenskultur ab. Informelles Lernen findet mehr oder weniger zufällig statt, es bleibt in der Regel betrieblich einseitig, wenn es nicht über vernetzte Lernstrukturen in einen Lern- und Bildungszusammenhang gestellt wird. Informelles Lernen ohne berufspädagogische Arrangements, Organisation und Zielorientierung läuft Gefahr, situativ zu verbleiben und dann den Anforderungen einer umfassenden Kompetenzentwicklung zu widersprechen.

Die neuen Konzepte und Lernformen versuchen dem entgegen zu wirken, indem sie Arbeiten und Lernen und damit informelles und formelles Lernen verbinden. Sie zielen gleichermaßen auf die qualifikatorischen Erfordernisse der Arbeit wie auf individuelle und bildungstheoretische Ansprüche in der Arbeits- und Lebenswelt.

3.3 Beispielhafte Konzepte zur Verbindung von Arbeiten und Lernen

Konzepte zur Verbindung von Arbeiten und Lernen sind in der Berufsbildung und im Bildungsmanagement in den letzten Jahren verstärkt entwickelt worden. Dabei handelt es sich um Lern- und Bildungskonzepte innerhalb und außerhalb der Arbeit, die im oben definierten Sinne als arbeitsbezogen zu bezeichnen sind, d.h. bei denen der Bezug auf Arbeit und das informelle Lernen eine wesentliche Rolle spielen. Im Sinne des unter 2.1 umrissenen konstruktivistischen Lernverständnisses kann und soll das informelle Lernen durch die Verbindung oder Integration mit formellem Lernen in den Kontext eines selbstgesteuerten und aktiv-konstruktiven Lernens gestellt werden, ohne dass es dabei formalisiert wird und seine charakteristischen Merkmale als situatives und authentisches Lernen verloren gehen. Im Folgenden werden zunächst drei Konzepte im Überblick skizziert, gefolgt von ausführlichen Darstellungen des Lernstation-Konzepts (3.3.1), des Konzepts der Arbeits- und Lernaufgaben (3.3.2) und des PETRA-Konzepts (3.3.3).

(1) Dezentrale Berufsbildungskonzepte

In der vom Bundesinstitut für Berufsbildung in den 1990er Jahren durchgeführten Modellversuchsreihe „Dezentrales Lernen" sind arbeitsbezogene Konzepte und Lernformen systematisch entwickelt worden (vgl. Dehnbostel/Holz/Novak 1992; Dehnbostel 2001b, S. 180ff.). Leitidee für die Entwicklung „dezentraler Berufsbildungskonzepte" war die Dezentralisierung und Differenzierung beruflicher Bildung. Damit verbunden war die These, dass in modernen, technologisch anspruchsvollen Arbeitsprozessen integrative Formen der Verbindung von Arbeiten und Lernen notwendig und möglich geworden seien. So wurden dezentrale, unmittelbar im Arbeitsprozess angesiedelte Lernformen wie Lerninseln, Lernstationen und Lerncenter entwickelt, die systematisch informelles mit formellem Lernen verbinden und wesentlich zum Erwerb einer umfassenden beruflichen Handlungskompetenz beitragen. Zudem werden sie – in Abhängigkeit von den jeweiligen Bildungsmaßnahmen – mit außerbetrieblichen Lernorten über Lernortkombinationen und Netzwerke verbunden. Der Erfolg dieses Konzepts beruht in reorganisierten Unternehmen vor allem darauf, dass vorrangig ökonomisch begründete Verbesserungs-, Wissens- und Innovationsprozesse die Verbindung von Arbeiten und Lernen erfordern und damit auch die Verbindung von informellem und formellem Lernen. Das Beispiel der Lerninsel wird im Kapitel 4.3 unter dem Gesichtspunkt der lern- und kompetenzförderlichen Arbeitsgestaltung exemplarisch dargestellt. Die nachfolgend beschriebenen Konzepte der Lernstation und der Arbeits- und Lernaufgabe sind gleichfalls in dieser Modellversuchsreihe entwickelt worden.

(2) Arbeitsprozesswissen als Gegenstand des Lernens in berufsbildenden Schulen

Das „berufliche Arbeitsprozesswissen" steht im Mittelpunkt mehrerer BLK-Modellversuche und Projektarbeiten des Instituts für Technik und Bildung (ITB) der Universität Bremen. Angestrebt wird, das empirisch vorzufindende Wissen von Fachkräften zum Ausgangspunkt des Lernens in berufsbildenden Schulen zu machen (vgl. Stuber/Fischer 1998). Mit dem Begriff „Arbeitsprozesswissen" sollen unangemessene Dichotomien in der berufspädagogischen Diskussion überwunden werden, so vor allem die Annahme eines prinzipiellen Gegensatzes zwischen Erfahrung und Wissen. Ausgegangen wird davon, dass die Kernelemente des dualen Systems, die betriebliche Ausbildung und das Lernen in der Berufsschule, eher durch ein Nebeneinander als durch ein dialogisches Verhältnis gekennzeichnet sind, so dass in Frage steht, ob Auszubildende betriebliche Erfahrung und schulische Wissensvermittlung miteinander verbinden können. Die Erfahrung enthalte sprachliche Elemente und sei mit dem Nachdenken über die Welt verknüpft. Demzufolge erweise sich eine weitgehende Ausklammerung objektivierender Denktätigkeit aus dem Bereich der Erfahrung als unangebracht. Nicht nur in der Theorie, auch in der berufspädagogischen Praxis fänden sich erhebliche Barrieren zwischen formellen und erfahrungsbasierten Lernprozessen, was sich u.a. in den häufig unterschiedlichen Ausrichtungen von betrieblichem und schulischem Lernen zeige. Für berufsbildende Schulen sind in diesem Ansatz Lernkonzepte entwickelt worden, welche die subjektive Verknüpfung von Wissen und Erfahrung erleichtern und auf das Arbeitsprozesswissen zurückgreifen. Die Aneignung von Arbeitsprozesswissen im Rahmen (berufs-)schulischen Lernens ist dabei komplementär zum Erwerb des Arbeitsprozesswissens im Prozess des Lernens in der Arbeit selbst zu sehen. An beiden Lernorten kommt den Erfahrungen und dem Erfahrungswissen eine wichtige didaktische und kompetenztheoretische Bedeutung zu.

(3) Erfahrungslernen als Entwicklung von gesellschaftlichen Schlüsselqualifikationen

Oskar Negt, der schon in den sechziger Jahren seine Konzeption des erfahrungsorientierten Lernens entwickelte, betont in neueren Veröffentlichungen die gesellschaftlich relevante Seite des Erfahrungslernens: „Was müssen Menschen wissen, damit sie die heutige Krisensituation verstehen und ihre Lebensbedingungen in solidarischer Kooperation begreifen und in solidarischer Kooperation mit anderen verbessern können?" (Negt 1997, S. 89). Seine Ausgangsfrage ist nicht verengt auf ein situatives Erfahrungslernen, sondern zielt auf Fähigkeiten der Menschen für das Leben und Handeln in der heutigen und zukünftigen Gesellschaft. Für diese Fähigkeiten benötigen die Menschen „gesellschaftliche Schlüsselqualifikationen". In erster Linie sei es notwendig, dass die immer mehr um sich greifende Fragmentierung des Wissens und Bewusstseins überwunden werde. Sicher können Erfahrungen heute nur noch „exemplarisch" gemacht werden, doch gehe es gerade darum, „Erfahrungslernen (als) die Herstellung von Zusammenhängen" (ebd., S. 89) zu bestimmen. Bei den gesellschaftlichen Schlüsselqualifikationen in Negts programmatischem Ansatz geht es um die Stärkung von Subjektansprüchen an die Gesellschaft gegen Funktionalisierungen und Verwertungszwänge.

Den skizzierten Ansätzen ist gemeinsam, dass sie – anders als viele herkömmliche Bildungs- und Berufsbildungskonzepte – dem informellen Lernen einen großen Stellenwert zumessen oder es sogar in den Mittelpunkt stellen. Informelles oder Erfahrungslernen nimmt die unmittelbaren arbeitsgebundenen Qualifikationsanforderungen auf und wird zusätzlich als Medium zur Einbeziehung und Weiterentwicklung allgemeiner und auf die Persönlichkeit bezogener Bildung verstanden. Für eine betriebliche Bildungsarbeit, die Personalentwicklung, Organisationsentwicklung und Berufspädagogik integriert und auf Handlungskompetenz und reflexive Handlungsfähigkeit zielt, ist das informelle Lernen in diesem Sinne eine entscheidende Entwicklungs- und Gestaltungsgröße. Die Verbindung von informellem und formellem Lernen ist zudem als ein Weg anzusehen, das Beschäftigungssystem mit dem Bildungssystem zu verzahnen und einen Beitrag zur Aufhebung der für das deutsche Bildungssystem typischen Trennung von Berufsbildung und Allgemeinbildung zu leisten.

3.3.1 Das Lernstation-Konzept

Für die im Rahmen dezentraler Berufsbildungskonzepte entwickelten Lernstationen ist die Verbindung von Arbeiten und Lernen grundlegend. Sie wurden in der ersten Hälfte der 1990er Jahre in der Automobilindustrie entwickelt und erprobt und sind seitdem als unmittelbar im Arbeitsprozess angesiedelte Aus- und Weiterbildungsformen systematisch weiterentwickelt und ausgebaut worden (vgl.

Ehrke u.a. 1992; Dehnbostel u.a. 2001, S. 41ff.). Sie dienten zunächst der Berufs-ausbildung und werden seit Mitte der 1990er Jahre mit wachsendem Erfolg auch als betriebliche Weiterbildungsform eingesetzt. Sie haben sich in der betrieblichen Bildungsarbeit und der Organisationsentwicklung als wegweisende Innovation erwiesen.

Über die Integration von Arbeiten und Lernen tragen sie entscheidend dazu bei, die Kompetenzanforderungen hochentwickelter Arbeitsprozesse zu erfüllen, die betriebliche Weiterbildung zu systematisieren und die Berufsausbildung zu dezent-ralisieren. Lernstationen wurden so konzipiert, dass sie die zunehmend ganz-heitlichen Qualifikationsanforderungen neuer Arbeits- und Organisationskonzepte aufnehmen. Die in den 1990er Jahren in der Automobilindustrie flächendeckend eingeführte Gruppenarbeit wurde beispielsweise vor ihrer Realisierung in der jeweiligen Arbeitsumgebung in einigen Unternehmensbereichen zunächst in Lernstationen erprobt. Ebenso sind von vornherein kontinuierliche Verbes-serungsprozesse (KVP), eine an aktuelle Standards gebundene Qualitätssicherung und ein verstärkt selbstgesteuertes Lernen als Grundelemente der Arbeit in Lern-stationen eingeführt worden.

Diese Innovationen erfolgten nicht allein in den Lernstationen, sondern gingen mit unterschiedlichen betrieblichen Reorganisations- und Umstrukturierungs-maßnahmen im Unternehmen einher. In der Erprobung und Entwicklung des Lernstation-Konzepts hat sich gezeigt, dass Lernstationen in unterschiedlichen Produktionsbereichen wie der Montage und dem Werkzeugbau einzurichten und in die Arbeitsumgebung zu integrieren sind. Die Handlungsfähigkeit und Handlungs-kompetenz der Mitarbeiterinnen und Mitarbeiter werden erweitert, die Integration von Lernen und Arbeiten findet auf der Basis der Bearbeitung realer Arbeitsauf-gaben statt. Über die Gruppenarbeit werden insbesondere Kompetenzen wie Selbstständigkeit, Eigenverantwortlichkeit und gegenseitige Akzeptanz erworben. Die sozialen Gruppenprozesse fordern die Kenntnis der eigenen Fähigkeiten, Stärken und Schwächen und den Umgang mit ihnen.

Eine wichtige Rolle nehmen hierbei die Ausbilder und Weiterbildner in den Lernstationen wahr, die diese Kompetenzentwicklungsprozesse begleiten. Auch haben sich die Lernstationen als eine für die Vernetzung von Ausbildung und Weiterbildung bedeutsame Organisationsentwicklungsmaßnahme erwiesen. Die folgende Abbildung zeigt Kernmerkmale des Lernstation-Konzepts im Überblick:

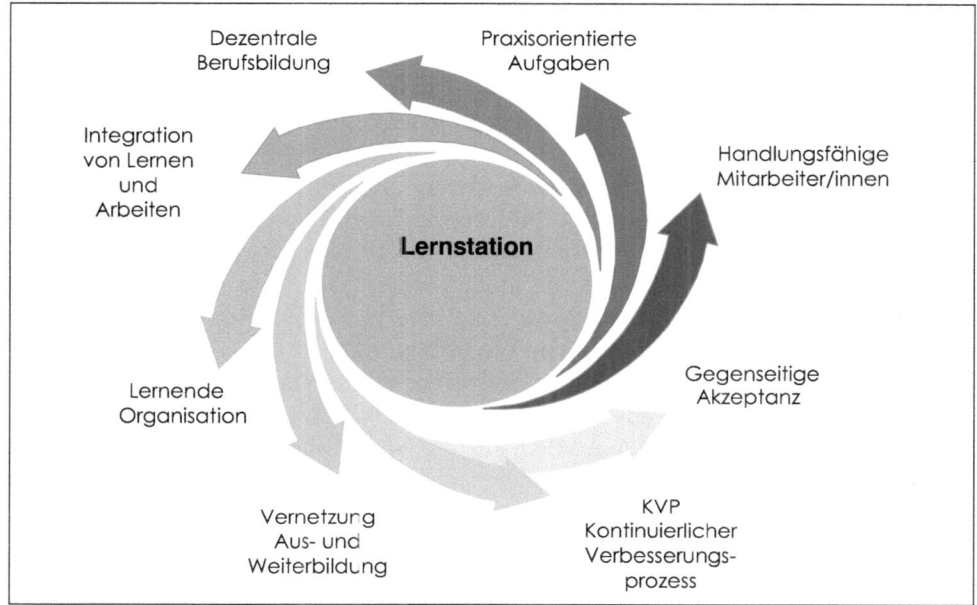

Abbildung 3.5:
Merkmale des Lernstation-Konzepts

Die Aus- und Weiterzubildenden in den Lernstationen arbeiten unter der allgemeinen Zielsetzung, möglichst ganzheitliche Arbeitsaufgaben fehlerfrei durchzuführen, zu bewerten und in ihrer Planung und betrieblichen Einordnung zu verstehen. In ausgewählten Arbeitsbereichen werden fachliche, soziale, personale und methodische Kompetenzen erworben und Erfahrungen im Prozess der Arbeit gesammelt. Die Arbeitsbereiche sind so ausgewählt und gestaltet, dass sie

- geeignete Aufgabeninhalte,
- ein hohes Lernpotenzial,
- feste Qualitätsanforderungen,
- entsprechende Prüfeinrichtungen sowie
- ausreichend Zeit für Lernprozesse

bieten.

Die Gruppenarbeit und die Integration von informellem bzw. Erfahrungslernen mit formellem Lernen erfüllen dabei in besonderer Weise die Anforderungen hoch entwickelter Arbeitsprozesse. Die Aus- und Weiterzubildenden arbeiten und lernen in den Lernstationen als Gruppe mit einem gewählten Gruppensprecher. Während die Auszubildenden bis zu sechs Monate in einer Lernstation mit überschneidender Versetzung nach dem Rotationsprinzip verbringen, sind die Weiterzubildenden in der Regel ein bis zwei Wochen in der Lernstation. Die Betreuung erfolgt durch eine Fachkraft oder durch einen Aus- und Weiterbildungsbeauftragten, der die Rolle und Funktion eines Coachs und Prozessbegleiters wahrnimmt. Unterstützt und begleitet werden die Lernstationen durch das zentrale Bildungswesen, was sich vor allem in der berufs- und betriebspädagogischen Ausrichtung niederschlägt. Die besondere Bedeutung der Lernstationen für die Berufsbildung und betriebliche Bildungsarbeit liegt vor allem in ihrer Funktion als Arbeiten und Lernen verbindende Aus- und Weiterbildungsform mitten im Arbeitsprozess.

Als dezentraler Lernort stellen die Lernstationen eine Ergänzung und Erweiterung der betrieblichen Lernorte wie Bildungszentrum, Lehrgänge und betriebliche Versetzungsstellen dar. Für die Ausbildung sind die Berufsschule und Fachoberschule weitere wichtige Lernorte, für die Weiterbildung sind es Techniker- und Meisterlehrgänge sowie die Berufsakademie. Die besondere Bedeutung der Lernstationen für die beruflich-betriebliche Weiterbildung liegt vor allem in ihrer Funktion als Lernort zur Einstiegs- und Anpassungsqualifizierung, wobei diese Qualifizierung im Sinne der Kompetenzentwicklung geöffnet und neu gestaltet wird. Zudem stellen Lernstationen vor allem für die Weiterbildung ein Innovationsfeld zur Planung und Durchführung neuer betrieblicher Projekte sowie neuer Formen des Lernens und Arbeitens dar.

Insgesamt tragen die Lernstationen entscheidend dazu bei, dass das Erfahrungslernen systematisch in die betriebliche Weiterbildung und die Ausbildung einbezogen wird und Arbeiten und Lernen integriert werden. Dabei geht es auch um Aspekte des Erfahrungswissens von routinierten Facharbeitern, die nicht durch Schulungen und formales Lernen vermittelt oder angeeignet werden können. Dieses Wissen wird im Arbeitsprozess erworben und ist wesentlicher Bestandteil einer umfassenden beruflichen Handlungskompetenz. In den letzten Jahren ist das Lernstation-Konzept in den früheren Modellversuchsbetrieben ausgebaut worden. Im Mittelpunkt standen die Errichtung weiterer Lernstationen (vgl. Dehnbostel u.a. 2001, S. 44ff.), die Erweiterung des Lernortsystems mit inner- und außerbetrieblichen Lernorten, die Entwicklung von Methoden zur Integration von Arbeiten und Lernen sowie die Gestaltung lern- und kompetenzförderlicher Lernumgebungen.

3.3.2 Das Konzept der Arbeits- und Lernaufgaben

Arbeits- und Lernaufgaben als Konzept nehmen in den 1980er Jahren ihren Ausgangspunkt in der Qualifizierung von An- und Ungelernten. In dem Projekt „CNC Lernen Arbeit und Sprache" (CLAUS), das im Programm „Humanisierung des Arbeitslebens" gefördert wurde, sollten im Unterschied zu herkömmlichen Methoden neue Wege des Lernens erschlossen werden, die von der Erfahrung praktischen Handelns ausgehen und sich auf die lernförderliche Wirkung der Sprache stützen (vgl. Krogoll u.a. 1988). In der damals eingeführten CNC-Technik wurde ein auf reale „Lernaufgaben" bezogenes Konzept entwickelt. Dieses Konzept wandte sich nachdrücklich gegen die Auffassung, „dass neue Technologie so große Anforderungen stelle, dass sie von An- und Ungelernten nicht bewältigbar sei" und dass bei dieser Beschäftigtengruppe „‚Defizite' hinsichtlich der Denkfähigkeit oder Abstraktionsfähigkeit" bestehen (ebd., S. 21). Die tätigkeitspsychologische Grundannahme, dass Lernen eine Tätigkeit ist, war die zentrale Grundlage der Konzeptentwicklung. In dieser Ausrichtung auf ein eigenes Lernen durch Tätigkeit und Erfahrung ist das Konzept zu dem gegenwärtig in Klein- und Mittelbetrieben eingesetzten GALA-Lernaufgabensystem weiterentwickelt worden (vgl. Krogoll/ Großmann 2007).

Die „Lernaufgaben" und das „Lernaufgabenkonzept" des Projekts CLAUS hatten eine wichtige Vorläuferfunktion für das Konzept der „Arbeits- und Lernaufgaben", das in den 1990er Jahren im Rahmen der zu Beginn dieses Abschnitts skizzierten Modellversuchsreihe „Dezentrales Lernen" entwickelt wurde (vgl. Dehnbostel/Holz/Novak 1992; Wilke-Schnaufer 1998). Das Arbeits- und Lernaufgaben-Konzept ist von dem ähnlichen Konzept der Lern- und Arbeitsaufgaben zu unterscheiden, das in Berufsschulen sowie über- und außerbetrieblichen Bildungseinrichtungen seit einigen Jahren entwickelt und erprobt wird. Von Arbeits- und Lernaufgaben im Sinne eines arbeitsbezogenen didaktischen Ansatzes ist dann zu sprechen, „wenn der enge Zusammenhang zwischen Arbeiten und Lernen betont werden soll und wenn Arbeitsaufgaben didaktisch in Lernaufgaben transferiert werden, ohne dass sich dabei die Qualität der Arbeitsaufgaben und der damit gegebenen konkreten Arbeitsinhalte verflüchtigt" (Rauner 1995, S. 352).

In der Modellversuchsreihe „Dezentrales Lernen" ist das Konzept der Arbeits- und Lernaufgaben in mehreren Klein- und Mittelbetrieben entwickelt und als betriebsbezogene Curriculumentwicklung in Form von Lernmaterialien, betrieblichen Qualifizierungsplänen und Handreichungen didaktisch umgesetzt worden. In diesem Erarbeitungs- und Gestaltungsprozess wurden Arbeitsplätze und Arbeitsprozesse unter lernsystematischen Gesichtspunkten analysiert, ausgewählte Arbeitsaufgaben unter arbeitspädagogischen und didaktischen Gesichtspunkten erweitert und angereichert. Charakteristisch für die beteiligten Unternehmen waren ganzheitliche Arbeitsaufgaben, transparente Organisationsstrukturen und überschaubare Zusammenhänge. Abgrenzungen zwischen Funktionsbereichen wie Einkauf, Verwaltung, Konstruktion, Arbeitsvorbereitung, Fertigung und Abnahme waren zumeist weniger ausgeprägt als in Großbetrieben oder bestanden kaum. Aufgabenzuschnitte und Qualifikationserfordernisse waren entsprechend kohärent und ganzheitlich. An diese Qualitätsmerkmale, die sich auch im Bestehen stärkerer sozialer Bindungen und der arbeitsprozessgebundenen Integration unterschiedlicher Kompetenzen niederschlugen, wurde bei der Entwicklung von Arbeits- und Lernaufgaben gezielt angeknüpft, um Lernprozesse inmitten der Arbeit zu erleichtern und einsichtig zu machen.

Um die Arbeitssituation in den beteiligten Betrieben zu erfassen, wurden in einem mehrstufigen Verfahren Betriebs- und Qualifikationsanalysen durchgeführt und „typische" Arbeitsaufgaben identifiziert, die zweierlei Bedingungen zu erfüllen hatten: Zum einen sollte es sich um gängige betriebliche Arbeitsaufträge handeln, auf die Arbeitsstrukturen und Arbeitsmittel zugeschnitten sind; zum anderen sollten sie für das Qualifizierungs- und Weiterbildungsprofil kennzeichnend und in hohem Maße transferfähig sein. So ist z.B. die Herstellung einer Welle bzw. eines Drehteils als eine solche lernrelevante und transferfähige Aufgabe erkannt worden. Für die didaktische Aufbereitung wurde die Aufgabe analytisch in einzelne

Arbeitsschritte von der Auftragsentgegennahme und Arbeitsvorbereitung über die eigentliche Produktion und Qualitätskontrolle bis zum Abschluss des Auftrages gegliedert. Es wurde untersucht, welche Qualifikationen für einzelne Arbeitshandlungen sowie die Gesamtheit der Handlungen notwendig und welche Inhaltserweiterungen aus arbeits- und berufspädagogischen Gründen hinzuzufügen sind. In Handreichungen für Weiterzubildende und sie betreuende Fachkräfte wurde die Arbeits- und Lernaufgabe curricular fixiert und als Arbeits- und Lernaufgabe „Drehteile" ausgewiesen, die auf viele Produktvarianten anzuwenden und in vielen Unternehmen einzusetzen ist. Wie diese Entwicklung zeigt, liegen den Arbeits- und Lernaufgaben im Kern immer reale Arbeitsaufträge und Arbeitsaufgaben des Betriebes zugrunde.

Arbeits- und Lernaufgaben
Von Arbeits- und Lernaufgaben ist dann zu sprechen, wenn Arbeiten und Lernen über die didaktische Erweiterung realer Arbeitsaufgaben verbunden werden und:
- die Aufgaben ganzheitlichen Arbeits- und Lernvollzügen genügen, in denen fachliche, soziale und personale Kompetenzen erworben werden,
- die Aufgabenbearbeitung in hoher Eigenverantwortung und Selbststeuerung der Weiterzubildenden erfolgt, verbunden mit systematischen Kooperationen untereinander und – soweit aufgrund der Unternehmensgröße sinnvoll – in Gruppenarbeit,
- die Lernprozesse arbeits- und erfahrungsbezogen geprägt sind, Erfahrungswissen erworben und mit theoretischem Wissen verbunden wird,
- Fragen der Arbeitsgestaltung und Arbeitsorganisation gezielt reflektiert und mit kontinuierlichen Verbesserungsprozessen verbunden werden,
- Auswahl und Anreicherung von Arbeitsaufgaben so erfolgen, dass sie zur Einlösung der jeweiligen Ziele der Kompetenzentwicklung beitragen.

Die genannten Kriterien zur Konstruktion der Arbeits- und Lernaufgaben beziehen sich nicht auf das Modell der vollständigen Handlung, da dies für reale Arbeitsstrukturen und -abläufe zu schematisch ist. In der Praxis bearbeiten die Aus- und Weiterzubildenden die Arbeits- und Lernaufgaben größtenteils eigenständig. Die im Arbeitsprozess vorhandenen Maschinen und Arbeitsmaterialien werden bei der Bearbeitung der Aufgaben in der allgemein üblichen Weise genutzt. Entscheidend ist für dieses systematisch angelegte arbeitsgebundene Lernen, dass Arbeiten und Lernen verbunden werden und dieses auch gezielt im Arbeitsprozess erfolgt (vgl. Schröder/Dehnbostel 2007).

Das Konzept der Arbeits- und Lernaufgaben ist in seinem Bezug auf reale Arbeits- und Betriebssituationen und in seiner didaktisch-curricularen Zielorientierung offen und flexibel angelegt. Das Grundmodell, das von sequentiell gegliederten Arbeitsaufgaben ausgeht, müsste verstärkt für aufgabenübergreifende Arbeitsprozesse und unbestimmte Handlungssituationen erweitert werden. Das informelle Lernen und die übergeordnete Zielorientierung des Erwerbs einer umfassenden beruflichen Handlungskompetenz könnten dabei gezielter einbezogen werden, womit auch die Bildungsdimension verstärkt angesprochen würde. Die Methoden der Betriebs- und Arbeitsanalysen sollten zudem in qualitativer Hinsicht ergänzt

werden, da moderne Arbeitprozesse in ihrer Ganzheitlichkeit, aber auch Unübersichtlichkeit kaum hinreichend mit herkömmlichen empirischen Instrumenten zu
erfassen sind. So stellen die Qualifikationsanalyse und Kompetenzermittlung über
betriebliche Expertenteams, wie im Beispiel der Erarbeitung von Arbeits- und
Lernaufgaben in der Modellversuchsreihe „Dezentrales Lernen" praktiziert, ein
richtungweisendes Verfahren dar.

3.3.3 Das PETRA-Konzept

Anders als die beiden zuvor dargestellten Konzepte bezieht sich das Konzept
„Projekt- und Transferorientierte Ausbildung" (PETRA) auf die Ausbildung und
ein vorrangig arbeitsorientiertes Lernen in betrieblichen Bildungsstätten. Gleichwohl steht es exemplarisch für die Verbindung von Arbeiten und Lernen, und es
hat methodisch und didaktisch vieles von dem vorweggenommen, was in nachfolgenden Konzepten entwickelt, erprobt und transferiert wurde. Das Konzept
wurde in seinen Grundzügen bereits in den 1980er Jahren entwickelt, seitdem
fortgeführt und als sogenanntes PETRA-plus auf aktuelle Kompetenz- und Aus-
bildungsanforderungen bezogen (vgl. Fink 2003). Es hat in der Berufsbildung eine
hohe Resonanz und Verbreitung gefunden. Das Ursprungskonzept wurde von der
Gewerblichen Ausbildung der Siemens AG initiiert und im Rahmen des vom
Bundesministerium für Bildung und Wissenschaft (BMBW) im Jahre 1984 be-
willigten Modellvorhabens „Weiterbildung von Ausbildern in der flexiblen Anwendung von Methoden zur Förderung berufsübergreifender Fähigkeiten" maßgeblich
fundiert (vgl. Borretty u.a. 1988; Klein 1990; Borretty 1997, insbes. S. 55ff.; Fink
2003).

Das Konzept knüpfte in seiner Entstehung an die seit den 1970er Jahren durchgeführten Modellversuche zur Entwicklung und Erprobung „neuer Ausbildungs-
methoden in der betrieblichen Berufsausbildung" an (vgl. Schmidt-Hackenberg u.a.
1989). Ziel war es, unter Maßgabe der Förderung von Schlüsselqualifikationen ein
Konzept „zur methodischen Gestaltung von Übungsaufgaben in den Lehrwerk-
stätten" der Siemens AG zu realisieren (Borretty 1997, S. 7). Es wurde insbesondere auf Modellversuche in Großbetrieben wie der Daimler Benz AG, Zahnrad-
fabrik Friedrichshafen, der Stahlwerke Peine-Salzgitter AG, der Ford-Werke AG
und der Hoesch-Stahl AG zurückgegriffen, in deren Mittelpunkt die Entwicklung
ganzheitlicher, kooperativer und auf selbstständigem Lernen basierender Methoden stand.

Das PETRA-Konzept basiert auf der Annahme eines schnell voranschreitenden
technischen Wandels, der die Anforderungen an die Facharbeiterqualifikationen
elementar verändert. Angenommen wurde, dass immer weniger körperliche, dafür
aber verstärkt kognitive Leistungen wichtig werden. Bei der erforderlichen Neugestaltung der Ausbildung standen daher insbesondere Schlüsselqualifikationen
und die berufliche Handlungskompetenz in einem ganzheitlichen Sinne im Vordergrund. Unter Schlüsselqualifikationen werden dabei persönlichkeitsbezogene
Eigenschaften verstanden, die das Individuum befähigen, konkrete Handlungen auf

neue Situationen zu transferieren und selbstständig Lösungen für Aufgaben und Probleme zu finden. Unterschieden wird zwischen individuell und sozial ausgerichteten Schlüsselqualifikationen (vgl. Klein 1986, 150f.). Zu letzteren zählen u.a. Zusammenarbeit, Fairness, Sachlichkeit und soziale Verantwortung; zu ersteren werden u.a. Eigeninitiative, Verantwortungsbewusstsein, systematisches Vorgehen, selbstständige Arbeitsplanung und Entscheidungsfähigkeit gerechnet.

Zentrale Zielsetzungen des Konzepts waren die Projekt- und die Transferorientierung unter der Maßgabe, Lernen und Arbeiten zu verbinden. Dabei begründet sich die Projektorientierung – in Erweiterung des herkömmlichen Projektbegriffs – über den Grundsatz, dass in der beruflichen Ausbildung das Lernen am besten durch die Bearbeitung von realen Arbeitsaufgaben stattfindet, die konkrete, gebrauchsfähige Endprodukte zum Ziel haben oder auch zu einem nichtgegenständlichen Endprodukt führen, wie z.B. die Anfertigung eines Schaltplanes. Die Transferorientierung wurde deswegen mit in den Mittelpunkt des Konzepts gerückt, weil einmal Gelerntes auf veränderte oder neue Situationen übertragen und angewendet werden sollte.

Die Entwicklung des PETRA-Konzepts in dem ab 1984 laufenden BMBW-Modellversuch fand an sechs Standorten bzw. Niederlassungen der Siemens AG statt (Klein 1986; Borretty u.a. 1988, S. 14ff.; Borretty 1997, S. 59). In den insgesamt über 60 gewerblich-technischen Ausbildungsstätten der Siemens AG wurden etwa 10 000 Jugendliche in etwa 45 Ausbildungsberufen vor allem der Berufsfelder Metall- und Elektrotechnik ausgebildet. Das zu entwickelnde Ausbildungskonzept sollte auf alle Ausbildungsstätten mit ihren unterschiedlichen Strukturen, Konzepten und Ausbildungsberufen anwendbar sein, ohne deren bisherige Übungs- und Lehrgangsaufgaben einzuschränken oder gar überflüssig zu machen. Das Konzept wurde bewusst als ein „offenes Modell" angelegt, das „wie ein Netzwerk" über die Ausbildungsstätten der Siemens-AG gelegt werden sollte.

Das Konzept wurde in zwei Stufen umgesetzt. Zunächst machten sich die Ausbilder und Führungskräfte einschließlich der Ausbildungsstättenleiter im Seminar „Planungsmethoden zur Förderung berufsübergreifender Fähigkeiten für Ausbilder" mit dem PETRA-Modell vertraut, wobei das Seminar durch eine Praxisphase unterbrochen wurde, in der die Seminarteilnehmer das Gelernte mit Ausbildungsgruppen in eigenen Projekten umsetzen konnten. Die in der Praxisphase gewonnenen Erfahrungen und Erkenntnisse wurden dann gezielt und systematisch in die Fortsetzung des Seminars eingebracht. Nach der Seminarschulung fand in der zweiten Stufe die Umsetzung des Konzepts in die Ausbildungspraxis der einzelnen Standorte statt. Diese Phase begann für die Ausbilder vor Ort mit der Erstellung einer Langzeitplanung: Allen Übungs- und Lehrgangsaufgaben werden je nach Inhalt und Schwierigkeitsgrad Organisationsformen zugeordnet. Auf dieser Grundlage führt der Ausbilder dann die Einzelplanung der Aufgaben durch. Das leitende Ziel dabei besteht darin, den Anteil selbstgesteuerten Lernens mit fortschreitendem Ausbildungsstand kontinuierlich zu erhöhen. In die letzte Phase der Ausbildung wird die berufliche Realität so weit wie möglich einbezogen, um über die enge Verbindung von Lernen und Arbeiten den Übergang in den Facharbeiterstatus und die Beschäftigungsfähigkeit optimal zu gestalten.

Seit den 1980er Jahren ist dieses Konzept kontinuierlich weiter entwickelt worden, und zwar sowohl über Evaluations- als auch Konstruktionsvorhaben. Für die Evaluation sei hier exemplarisch auf die Arbeit von Borretty (1997) verwiesen, in der vor allem die projektimmanenten Ziele unter besonderer Berücksichtigung der Konzeptimplementation vor Ort evaluiert worden sind. Die Analyseergebnisse dieser Untersuchung sind als Konsequenzen und Forderungen für die Weiterentwicklung des Konzepts, insbesondere für die Ausbilder und die gewerblich-technische Ausbildung formuliert worden (ebd., S. 184ff.). In der Abhandlung von Fink (2003) wird das PETRA-Konzept im Hinblick auf die Prozessorientierung und die Anforderungen eines lernenden Unternehmens grundlegend erweitert. Es wird aufgezeigt, wie sich im Rahmen zukunftsorientierter Ausbildung die Förderung der Persönlichkeit der Lernenden mit der Arbeits- und Geschäftsprozessorientierung in der Berufsbildung verknüpfen lässt. Die Förderung der Handlungskompetenz der Lernenden, ausgerichtet auf die Employability, steht dabei im Mittelpunkt. Dies wird an konkreten Beispielen aus verschiedenen Standorten der Siemens-Ausbildung verdeutlicht. Ausführungen zum Qualitätsmanagement und zur Qualitätssicherung werden zusätzlich integriert und runden das Konzept ab. Das Grundmodell und die Prinzipien einer projekt- und transferorientierten Ausbildung werden dabei weiterhin als tragende Leitideen verfolgt.

Im Projektverlauf sind eine Reihe konkreter berufsübergreifender Fähigkeiten identifiziert worden, die in fünf übergeordneten Schlüsselqualifikationen, auch „wesentliche Einzelqualifikationen" genannt, zusammengefasst werden (vgl. Borretty u.a. 1988, S. 19ff.; Klein 1990, S. 19ff.): die „Organisation und Ausführung einer Übungsaufgabe", die „Kommunikation und Kooperation", das „Anwenden von Lerntechniken und geistigen Arbeitstechniken", die „Selbständigkeit und Verantwortung" und die „Belastbarkeit".

Die Förderung dieser Schlüsselqualifikationen wird als ein Leitziel der Berufsausbildung in der Bundesrepublik angesehen. Die Schlüsselqualifikationen von Lernenden zu fördern, heißt im PETRA-Konzept, sie über mehrere Stufen bis zur vollkommenen Beherrschung von Einzelqualifikationen zu führen. Zur Unterscheidung von systematisch aufeinander aufbauenden Lernstufen wird eine Taxonomie verwandt, die bereits von der Bildungskommission des Deutschen Bildungsrats empfohlen und an die Bedarfe der beruflichen Bildung angepasst wurde. Die Stufen dieser Taxonomie – Reproduktion, Reorganisation, Transfer und Problemlösen – sind in Anwendung auf die Schlüsselqualifikationen beispielhaft tabellarisch ausgewiesen, wobei die Stufen zum einen den Aktivitäten des Lernenden, zum anderen den Ausbildervorgaben und -informationen zugeordnet sind (Klein 1990, S. 26ff.).

Der Erwerb der Schlüsselqualifikationen erfolgt über unterschiedliche Methoden, die im Modellprojekt entwickelt und für Nachfolgekonzepte richtungweisend wurden (vgl. BIBB 1988, S. 362f.; Klein 1990, S. 38ff.):

- Das „Selbstgesteuerte Lernen", das wesentlich durch Organisationsformen und Lernmethoden bestimmt wird. Durch das Vorgehen nach Leitfragen/ Leithinweisen, das Informieren über Leittexte und andere Informationsquellen sowie das Bewerten der eigenen Arbeit wird es zusätzlich unterstützt.

- „Leittexte, Ausbildungsunterlagen", worunter alle visuellen, auditiven und audio-visuellen Informationsquellen zu verstehen sind, die den Lernprozess unterstützen. Im Gegensatz zum üblichen Gebrauch des Begriffs Leittext werden im PETRA-Konzept darunter nicht vorstrukturierte Ausbildungsunterlagen verstanden, sondern u.a. Lehrbücher, Lexika und interaktive Lernsysteme.
- „Leitfragen und Leithinweise", die in allen drei Organisationsformen das selbstgesteuerte Lernen fördern sollen und in denen für alle Leitfragen fünf Lösungsschritte vorgesehen sind: Informieren, Planen, Entscheiden, Ausführen und Bewerten.
- Die „Funktionsbeschreibung", die die geistige Durchdringung technischer Aufgabenstellungen unterstützt und in elektrotechnischen Berufen seit langem eingesetzt wird.
- Die „Selbständige Arbeitsplanung", die schriftlich in einem für diesen Zweck entwickelten Formblatt fixiert wird und in deren Rahmen die Lernenden einzeln oder in Gruppen für jede Aufgabe einen Arbeitsplan erstellen.
- Die „Aufgabenverteilung", die bei Gruppenarbeiten festlegt, welches Gruppenmitglied welche Teilaufgabe plant und ausführt. Die Aufgabenverteilung wird in der Regel von den Lernenden selbst vorgenommen.
- Die „Selbst- und Fremdbewertung des Arbeitsergebnisses", in der die Selbstbewertung der Auszubildenden mit der Fremdbewertung durch den Ausbilder konfrontiert wird, so dass der Bewertungsvergleich Fehleranalysen zulässt und Qualitätsmaßstäbe setzt.

In der aktuellen Weiterentwicklung wird das PETRA-Konzept unter dem Gesichtspunkt der „Förderung der Handlungskompetenz" und eines „prozessorientierten Vorgehens" als „Prozessmodell" verstanden, das den staatlich und betrieblich festgelegten Ausbildungsauftrag über Prozesse der Managementführung und der operativen Ebene durchführt und durch Innovations-, Lern- und Supportprozesse unterstützt, wobei die Ausbildungsorganisation in diesem Zusammenhang als „lernende Einheit" verstanden wird (Fink 2003, S. 20f.). Die Verbindung von Lernen und Arbeiten wird praktisch-konzeptionell fortgeführt und ebenso das pragmatisch orientierte Vorgehen, das schon in der Vergangenheit einen hohen Transfer und eine hohe Akzeptanz in der Praxis bewirkt hat.

Fragen zum Themenbereich „Arbeiten und Lernen verbinden"

- Kompetenzentwicklung erfolgt wesentlich über die Verbindung von Arbeiten und Lernen in unterschiedlichen Modellen arbeitsbezogenen Lernens. Dabei kommt dem informellen Lernen besonders im arbeitsgebundenen Lernen eine herausragende Rolle zu. Wie sind die unterschiedlichen Modelle arbeitsbezogenen Lernens charakterisiert und welche Rolle spielen das formelle und informelle Lernen im betrieblichen Lernen?
- Konzepte zur Verbindung von Arbeiten und Lernen sind in der Berufsbildung und Weiterbildung in den letzten Jahren verstärkt entwickelt worden. Was

zeichnet diese Konzepte aus und worin liegen ihre besonderen Vorteile? Warum werden sie sowohl für den Einzelnen als auch für Unternehmen zunehmend wichtiger?

Literatur zur Vertiefung

Dehnbostel, P./Molzberger, G./Overwien, B. (2003): Informelles Lernen in modernen Arbeitsprozessen – dargestellt am Beispiel von Klein- und Mittelbetrieben in der IT-Branche. Berlin

Fischer, M. (1996): Überlegungen zu einem arbeitspädagogischen und -psychologischen Erfahrungsbegriff. In: Zeitschrift für Berufs- und Wirtschaftspädagogik, 92 (1996), S. 227–244

Overwien, B. (2005): Informelles Lernen: Ein Begriff zwischen ökonomischen Interessen und selbstbestimmtem Lernen In: Künzel, K. (Hg.): Internationales Jahrbuch der Erwachsenenbildung, Heft 31/32, Köln u.a., S. 1–26

4 Lern- und kompetenzförderliche Arbeitsgestaltung

Beispiele wie das Lernstation-Konzept und das Konzept der Arbeits- und Lernaufgabe belegen, dass in neu organisierten Arbeitsprozessen die Verschränkung von Lernen und Arbeiten notwendig und möglich geworden ist. Damit bestehen mehr Möglichkeiten, den Arbeitsprozess selbst zu steuern und individuelle Interessen einzubringen. Das wachsende subjektbezogene Arbeitsbewusstsein scheint den Ausbau von entsprechenden Lern- und Bildungsprozessen zu unterstützen. Aber bereits die empirisch bestätigten Belastungsfaktoren in modernen Arbeitsprozessen zeigen die Ambivalenz dieser Entwicklung. Ökonomische, aber auch technische und arbeitsorganisatorische Zwänge setzen dem Lernen in der Arbeit deutliche Grenzen. Die lernförderliche Arbeitsgestaltung gewinnt daher einen umso höheren Stellenwert.

Die Gestaltung des Arbeitsplatzes unter effizienzorientierten Kriterien wird bereits als Aufgabe gesehen, seitdem ein Bewusstsein darüber herrscht, dass das Arbeiten räumlich, zeitlich und methodisch ein von der Lebenswelt gesonderter Raum ist. Diese Aufgabe umfasste immer schon arbeitsgestaltende Instrumente und Methoden, auch wenn sie nicht als solche erkannt und bezeichnet wurden. Sie bezog sich auf ein Lernen in der Arbeit, das in früheren Zeiten größtenteils informell und instruktionistisch erfolgte. Mit veränderten Arbeits- und Organisationskonzepten und der Renaissance des Lernens in der Arbeit sind seit den 1980/90er Jahren in verschiedenen Disziplinen wie der Arbeitswissenschaft, der Arbeits- und Organisationspsychologie und der Berufspädagogik gezielt Kriterien und Verfahren entwickelt worden, um das Lernen in und bei der Arbeit zu analysieren und zu fördern.

Mit Blick auf das allseits akzeptierte Leitziel der beruflichen Bildung, dem Erwerb einer umfassenden beruflichen Handlungskompetenz, geht es dabei gegenwärtig nicht mehr nur um eine lernförderliche, sondern um eine lern- und kompetenzförderliche Gestaltung der Arbeit. Die folgenden Abschnitte referieren und diskutieren die zu deren Durchsetzung entwickelten Kriterien (4.1), erörtern neue Lern- und Arbeitsformen unter lern- und kompetenzförderlichen Gesichtspunkten (4.2) und gehen auf die Erschließung und Gestaltung des Arbeitsorts als Lernort am Beispiel des Lerninsel-Konzepts ein (4.3).

4.1 Kriterien lern- und kompetenzförderlicher Arbeit

Implizierte die gesellschaftliche und wirtschaftliche Entwicklung der Industriegesellschaft eine Rationalisierung und Taylorisierung der Arbeitsprozesse, so sprechen heute, mit Beginn der Wissens- und Dienstleistungsgesellschaft ökonomische Gründe und neue Unternehmens- und Organisationskonzepte – wie in Kapitel 1 ausgeführt – für eine kompetenzförderliche Gestaltung der Arbeit. Die Herstellung einer lern- und kompetenzförderlichen Arbeit und Arbeitsumgebung ist dabei aber stets mit Spannungen und Widersprüchen verbunden. Die Tätigkeiten am Arbeitsplatz unterliegen betriebswirtschaftlichen Kriterien und Kalkülen, während individuelle und persönlichkeitsbezogene Zielsetzungen vorrangig im Kontext einer human orientierten Personalentwicklung und beruflicher Entwicklungs- und Aufstiegswege zu sehen sind. Damit ist die wohl entscheidende, bereits oben thematisierte Weichenstellung für die gegenwärtige Situation des Lernens in der Arbeit angesprochen: Sind die zweifellos vorhandenen erweiterten Lernmöglichkeiten in modernen Arbeitsprozessen auf breiter Basis anzutreffen, von welcher Wirkung und Nachhaltigkeit sind sie und an welchen Kriterien sind lern- und kompetenzförderliche Arbeitsumgebungen zu messen?

Die Kriterien, an denen sich sowohl die Analyse des Lernens und der Lernmöglichkeiten in der Arbeit als auch eine lern- und kompetenzförderliche Gestaltung von Arbeitsumgebungen orientieren können, wurden in mehreren Studien und Abhandlungen insbesondere aus arbeits- und organisationspsychologischer Sicht erarbeitet und theoretisch fundiert (vgl. u.a. Franke/Kleinschmitt 1987; Bergmann 1996, S. 173ff.; Sonntag 1996; Franke 1999). Für die Berufsbildung und die betriebliche Weiterbildung mit den oben erläuterten Zielsetzungen des Erwerbs einer umfassenden beruflichen Handlungskompetenz und reflexiven Handlungsfähigkeit sind vor allem folgende Kriterien von Bedeutung:

(1) Vollständige Handlung/Projektorientierung
Die Beschäftigten sollen mit Aufgaben konfrontiert werden, zu deren Erfüllung möglichst viele Handlungsoperationen im Sinne einer „vollständigen Handlung" erforderlich sind. Dazu gehören sowohl Vorbereitungs- und Organisationsschritte als auch Kontrollschritte in Form von Rückkoppelungs- und ggf. Korrekturprozessen. In jedem Fall ist die Begrenzung auf ein eingeschränktes Tätigkeitsspektrum, das kaum Überblicks- und Zusammenhangswissen zulässt, zu vermeiden. Wie bei der Projektmethode geht es dabei um ein ganzheitlich angelegtes Arbeitshandeln, um ein stark selbstgesteuertes Lernen von Einzelnen ebenso wie von Gruppen.

(2) Handlungsspielraum
Unter Handlungsspielraum sind die objektiven Freiheits- und Entscheidungsgrade bei der Ausführung einer Arbeitsaufgabe zu verstehen, also die Menge der vorhandenen Möglichkeiten, aufgabengerecht zu handeln. Diese hängen vor allem von den Partizipations- und Mitgestaltungschancen der Handelnden im Rahmen der Ablauf- und Aufbauorganisation ab, beispielsweise der Möglichkeit, Einfluss auf die Vorgehensweise bei der Arbeit zu nehmen, neue Wege sowie unterschiedliche Kooperationen erproben zu können. Je höher also die Freiheits- und Entscheidungsgrade, desto größer die Möglichkeiten für selbstgesteuertes Handeln.

(3) Problem- und Komplexitätserfahrung
Mit Umfang und Vielschichtigkeit der jeweiligen Arbeitsaufgabe wachsen auch das Ausmaß erforderlicher Denkprozesse in der Arbeit und die Möglichkeiten, Problem- und Komplexitätserfahrung zu sammeln. Das Kriterium steht in deutlichem Zusammenhang mit denen des Handlungsspielraums und der vollständigen

Handlung. Problem- und Komplexitätserfahrungen werden insbesondere erworben in Arbeitssituationen der Unbestimmtheit, der Vernetztheit und der Aufgabenvielfalt, die durch das Verfolgen mehrerer Ziele gekennzeichnet ist.

(4) Soziale Unterstützung/Kollektivität

Für Anregungen und Hilfestellungen der Beschäftigten untereinander und von Seiten der Vorgesetzten spielen Kollektivität und Kommunikation eine wichtige Rolle. Diese hängen ihrerseits von den jeweiligen Arbeitsaufgaben und -formen, aber auch von der Unternehmenskultur ab. Gruppenarbeit bringt beispielsweise von vornherein Gemeinschaftlichkeit und eine hohes Maß an formellem und informellem Gruppenlernen mit sich. Über diese Gruppenlernprozesse wird Lernen von einem individuellen zu einem kollektiven Vorgang, wobei kollektive Lernprozesse durch individuelle Lernprozesse konstituiert werden und auf diese rückwirken.

(5) Individuelle Entwicklung

Diese Forderung bezieht sich auf die Ausrichtung der jeweiligen Aufgaben an der Entwicklung des Individuums. Ziel ist es, weder zu unter- noch zu überfordern. Darüber hinaus soll jedem Beschäftigten ermöglicht werden, eigene Sicht- und Interpretationsweisen der Aufgaben sowie individuelle Arbeitsweisen zu entwickeln. Dies gewährleisten am ehesten Bedingungen, die eine weitgehende Partizipation und Mitgestaltung ermöglichen, und zwar auch an der Gestaltung von Lernarrangements und Lernwegen. Der Selbststeuerung als Erfahrungs- und Ermöglichungsraum kommt ein hoher Stellenwert zu.

(6) Entwicklung von Professionalität

Für die Entwicklung der Professionalität in der Arbeit ist es charakteristisch, dass die Beschäftigten sich sowohl bei gegebenen Freiheitsgraden als auch unter restriktiven Arbeitsbedingungen in steigendem Maße erfolgreiche Handlungsstrategien zu eigen machen. Rückkoppelungen und Erfahrungen verbessern stetig die berufliche Handlungsfähigkeit und Expertise des Einzelnen. Dieser Entwicklungsweg ist in Anlehnung an Dreyfus/Dreyfus (1987) als der Weg vom Novizen zum Experten zu bezeichnen.

(7) Reflexivität

Wie in Kapitel 2 dargestellt, wird unter Reflexivität sowohl die strukturelle Reflexivität als auch die Selbstreflexivität der Handelnden verstanden. Reflexivität in der Arbeit heißt, sowohl über Arbeitsstrukturen und -umgebungen als auch über sich selbst zu reflektieren. Reflexivität meint die bewusste, kritische und verantwortliche Bewertung von Handlungen auf der Basis von Erfahrungen und Wissen. Konkret bedeutet dies zunächst ein Abrücken vom unmittelbaren Arbeitsgeschehen, um Ablauforganisation, Handlungsabläufe und -alternativen zu hinterfragen und in Beziehung zu eigenen Erfahrungen und zum eigenen Handlungswissen zu setzen. Im realen Arbeitsvollzug liegt die reflexive Handlungsfähigkeit als Potenzial dem tatsächlichen reflexiven Handeln zugrunde.

In tabellarischer Form sind die referierten Kriterien folgendermaßen zusammenzufassen:

Dimensionen	Kurzcharakteristik
Vollständige Handlung/ Projektorientierung	Aufgaben mit möglichst vielen zusammenhängenden Einzelhandlungen im Sinne der vollständigen Handlung und der Projektmethode
Handlungsspielraum	Freiheits- und Entscheidungsgrade in der Arbeit, d.h. die unterschiedlichen Möglichkeiten, kompetent zu handeln (selbstgesteuertes Arbeiten)
Problem-, Komplexitätserfahrung	Ist abhängig vom Umfang und der Vielschichtigkeit der Arbeit, vom Grad der Unbestimmtheit und Vernetzung
Soziale Unterstützung/ Kollektivität	Kommunikation, Anregungen, Hilfestellungen mit und durch Kollegen und Vorgesetzte; Gemeinschaftlichkeit
Individuelle Entwicklung	Aufgaben sollen dem Entwicklungsstand des Einzelnen entsprechen, d.h. sie dürfen ihn nicht unter- oder überfordern
Entwicklung von Professionalität	Verbesserung der beruflichen Handlungsfähigkeit durch Erarbeitung erfolgreicher Handlungsstrategien im Verlauf der Expertiseentwicklung (Entwicklung vom Novizen bis zum Experten)
Reflexivität	Möglichkeiten der strukturellen und Selbstreflexivität

Abbildung 4.1:
Kriterien lern- und kompetenzförderlicher Arbeit

Diese Kriterien können jedoch nicht per se als Gütekriterien gelten, denn ob sie auf das Lernen fördernd oder behindernd wirken, ist auch von übergeordneten Gegebenheiten wie Unternehmenskultur, Arbeitsorganisation und Arbeitsaufgaben abhängig. Zudem sind sie in ihrer Wirkung vom Entwicklungsstand des Einzelnen abhängig. So zeigt das Beispiel „Handlungsspielraum", dass dieser bei dem Einen lernförderlich, bei dem Anderen hingegen lernhemmend wirken kann. Die Frage der Lern- und Kompetenzförderlichkeit der Arbeit unterliegt also nicht nur objektiven Kriterien der Lernpotenziale und Lernchancen, sondern ist immer auch in Abhängigkeit von personenseitigen Dispositionen zu sehen. Das Kriterium der individuellen Entwicklung ist in diesem Sinne als Meta-Kriterium anzusehen.

Gibt es für die Individuen keinen eindeutigen oder festgelegten Weg, um lernförderliche Arbeitsbedingungen und Lernumgebungen zu schaffen, so gilt das auch für Unternehmen und Arbeitsbereiche. Die Aufgabe der lern- und kompetenzförderlichen Arbeitsgestaltung verlangt spezifische Lösungen, da die Möglichkeiten zu ihrer Realisierung wesentlich von Einflussfaktoren mitbestimmt werden, die über die erläuterten Kriterien hinausgehen. Dazu gehören zum einen reale

Gegebenheiten wie Betriebsgrößen und -branchen, Ablauf- und Aufbauorganisation sowie Qualifikationsanforderungen, zum anderen Maßnahmen zur Schaffung von Arbeiten und Lernen verbindenden Lernformen in der Arbeit und die damit zusammenhängende Erschließung und Gestaltung des Arbeitsorts als Lernort.

4.2 Arbeiten und Lernen verbindende Lernformen inmitten der Arbeit

Die Implementierung neuer Arbeits- und Lernformen (vgl. Grünewald u.a. 1998; Dybowski u.a. 1999; Molzberger 2004) ist eine weitere wichtige betriebliche Entwicklung zur Herstellung einer lern- und kompetenzförderlichen Arbeit. In diesen neuen Organisationsformen finden sowohl Prozesse des Lernens und der Kompetenzentwicklung sowie Verbesserungs- und Innovationsprozesse statt, für die Unternehmen erhebliche finanzielle Mittel bereitstellen. Das Beispiel der wöchentlichen Gruppensitzungen in mittleren und großen Unternehmen zeigt dies deutlich. Die dort ablaufenden kontinuierlichen Lernprozesse unterscheiden sich erheblich vom herkömmlichen betrieblichen Lernen, das hauptsächlich auf eine enge Anpassungsqualifizierung gerichtet ist.

Ein genauerer Blick auf die betrieblichen Lernprozesse legt allerdings nahe, prinzipiell zwischen „Lernformen", in denen Qualifizierung, Aus- und Weiterbildung im Vordergrund stehen und „Arbeitsformen" zu unterscheiden. Betrieblich sind dabei natürlich die Arbeitsformen von ungleich höherer Bedeutung als die Lern- und Weiterbildungsformen, die durchweg erst mit neuen Arbeits- und Organisationskonzepten eingeführt worden sind. Im Rahmen betrieblicher Bildungsarbeit und Kompetenzentwicklung haben die Lernformen gleichwohl eine entscheidende Funktion. Sie sind begrifflich in einer allgemeinen, auf die Berufs- und Weiterbildung bezogenen Bestimmung folgendermaßen zu fassen:

Lernform
Lernformen als Lernorganisationsformen beziehen sich vorrangig auf die organisatorisch-strukturelle Seite des Lernens. Es wird ein bewusster Rahmen geschaffen, der das Lernen – zumeist unter didaktisch-methodischen Gesichtspunkten – unterstützt, fordert und fördert. Neben herkömmlichen Lernformen wie Unterricht und Seminar treten in Verbindung mit neuen Arbeits- und Organisationskonzepten verstärkt neue Lernformen in der Arbeit wie Coaching, Lerninseln und Arbeits- und Lernaufgaben auf.

Eine erweiterte Definition wird von Kohl/Molzberger vorgenommen: Betriebliche Lernformen sind demnach „organisatorisch eigenständige zu Lernzwecken initiierte und mit einer ausgewiesenen pädagogischen Lehr-Lernintention geschaffene Lernkontexte, in denen anhand von möglichst realen Arbeitsaufgaben unter didaktisch-methodisch geplanten Strukturen" und unter Beachtung pädagogischer Grundprinzipien reflektiert gelernt werden kann (2005, S. 359).

Lernformen im unmittelbaren Arbeitsprozess, also arbeitsgebundene Lernformen beziehen gezielt formelles bzw. organisiertes Lernen ein und verbinden es mit dem informellen und Erfahrungslernen. Ihnen ist gemeinsam, dass Arbeitsplätze und Arbeitprozesse unter lernsystematischen und arbeitspädagogischen Gesichtspunkten erweitert und angereichert werden. Es wird bewusst ein Rahmen geschaffen, der das Lernen unter organisationalen, personalen und didaktisch-methodischen Gesichtspunkten unterstützt, fordert und fördert. Die im Abschnitt 3.3 referierten Lernstationen und Arbeits- und Lernaufgaben zeigen exemplarisch, wie diese Verbindung von Lernen und Arbeiten mitten im Arbeitprozess erfolgreich praktiziert wird. Auch andere in modernen Unternehmen eingeführte zukunftsorientierte Lernformen wie Coaching, Qualifizierungsnetzwerke und Online-Communities folgen dem gleichen Prinzip der Verbindung von informellem und formellem Lernen (vgl. Dybowski u.a. 1999, S. 224ff.). Die wichtigsten neu eingeführten Lernformen in der Arbeit sind folgende:

Coaching
Lernstatt
Lerninsel
Lernstation
Arbeits- und Lernaufgaben
Qualifizierungsnetzwerke
Communities of Practice (CoP)

Abbildung 4.2:
Zukunftsorientierte Lernformen in der Arbeit

Kennzeichnend für diese Arbeiten und Lernen verbindenden Lernformen ist eine doppelte Infrastruktur, die zum einen als Arbeitsinfrastruktur im Hinblick auf Arbeitsaufgaben, Technik, Arbeitsorganisation und Qualifikationsanforderungen der jeweiligen Arbeitsumgebung entspricht, zum anderen als Lerninfrastruktur zusätzliche räumliche, zeitliche, sachliche und personelle Ressourcen bereitstellt. Das Lernen ist zwar arbeitsgebunden, beschränkt sich jedoch nicht auf erfahrungsbezogene Lernprozesse in der Arbeit. Arbeitshandeln und darauf bezogene Reflexionen stehen mit ausgewiesenen Zielen und Inhalten betrieblicher Bildungsarbeit in Wechselbeziehung. Wie die folgende Abbildung zeigt, werden informelles Lernen und formelles Lernen auf der Basis der Verschränkung der Arbeitsinfrastruktur mit einer Lerninfrastruktur systematisch verbunden.

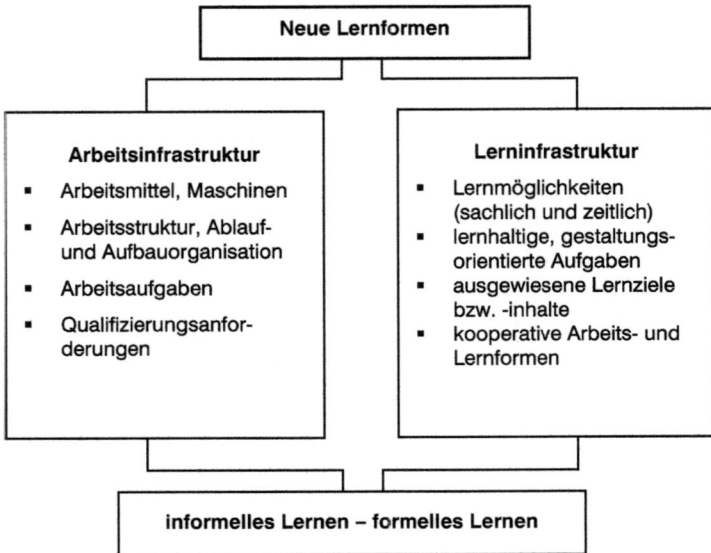

Abbildung 4.3:
Doppelte Infrastruktur neuer Lernformen

Auch wenn sich Lerninseln und andere Lernformen in einzelnen Unternehmen durchgesetzt haben, so sind ihre Verbreitung und ihr Ausbau entscheidend davon abhängig, inwieweit Lernen für betriebliche Bedarfe nicht über neue Arbeitsformen wie Gruppenarbeit, Projektarbeit und Job Rotation abgedeckt wird. Denn auch für diese Organisationsformen ist es charakteristisch, dass sie in und bei der Aufgabenbearbeitung systematisch auf Lernen zurückgreifen, um unter anderem Problemlösungen anzugehen, Qualität durchzusetzen und über Dispositionsmöglichkeiten zu entscheiden. Gleichwohl wird die Verbreitung neuer Lernformen sicherlich weiter zunehmen, zumal vieles dafür spricht, dass sie eine Reihe wirtschaftlicher und auf die individuelle Entwicklung bezogener Vorteile mit sich bringen (vgl. Sauter 1999; Heidemann 2001, S. 25f.). Außerdem kann von einer eigentlichen Weiterbildung in der Arbeit erst dann gesprochen werden, wenn das informelle und Erfahrungslernen gezielt mit formellem Lernen verbunden wird.

Die angesprochenen modernen Arbeitsformen wie Gruppenarbeit, Rotation, Projektarbeit und strategische Netzwerke stellen einen anderen Typus betrieblichen Lernens dar. Lernen erfolgt vor allem als Erfahrungslernen, ein formelles, organisiertes Lernen findet in diesen Arbeitsformen nur in Ausnahmefällen statt. Das Lernen über und mit Erfahrungen geschieht u.a. in der Aufgabenbearbeitung, in der Kommunikation am Arbeitsplatz, in der Qualitätssicherung und dem Qualitätsmanagement sowie bei kontinuierlichen Verbesserungs- und Optimierungsprozessen. Es ist zwar ein informelles, nicht organisiertes Lernen, gleichwohl wird es in seinen Wirkungen erfasst und indirekt über die Einlösung von Absprachen, Regelungen und Zielvereinbarungen eingeplant. Im Rahmen partizipativer Arbeitsformen bleibt es weitgehend dem Einzelnen oder der Gruppe überlassen, wie das Optimierungs- und Problemlösungsvorgehen erfolgt. Entscheidend ist, dass die festgelegten Wirkungen und Ergebnisse stimmen. Dabei gehört es heute zu den vordringlichen arbeitsmethodischen Maßnahmen, die Arbeitsumgebungen lern-förderlich zu gestalten, um die Einlösung von Zielvereinbarungs- und Partizipa-tionsprozesse zu erleichtern und die Arbeitseffizienz zu erhöhen.

Wie zu Beginn dieses Abschnitts bereits festgestellt, kann Lernen in der Arbeit somit prinzipiell auf zwei unterschiedliche Organisationstypen zurückgeführt werden: auf Lernformen, in denen formelles Lernen und informelles Lernen gezielt und systematisch verbunden werden, und auf Arbeitsformen, in denen das Lernen informell und erfahrungsbasiert erfolgt. Die Abgrenzung dieser beiden Formen ist nicht immer trennscharf wie das Beispiel der Gruppenarbeit mit integrierten Gruppensitzungen zeigt. Diese Arbeitsform wird – zumal in der Weiterentwicklung von Gruppenarbeitskonzepten – zunehmend von professionell ausgebildeten Lern-prozessbegleitern wie dem Gruppen-Coach betreut. Über das Gruppen-Coaching wird gezielt formelles Lernen in die Arbeit getragen und das informelle Lernen ergänzt. Im Überblick stellt sich eine auf die Organisationsform bezogene Typo-logie betrieblichen Lernens so dar (vgl. Dybowski u.a. 1999, S. 242):

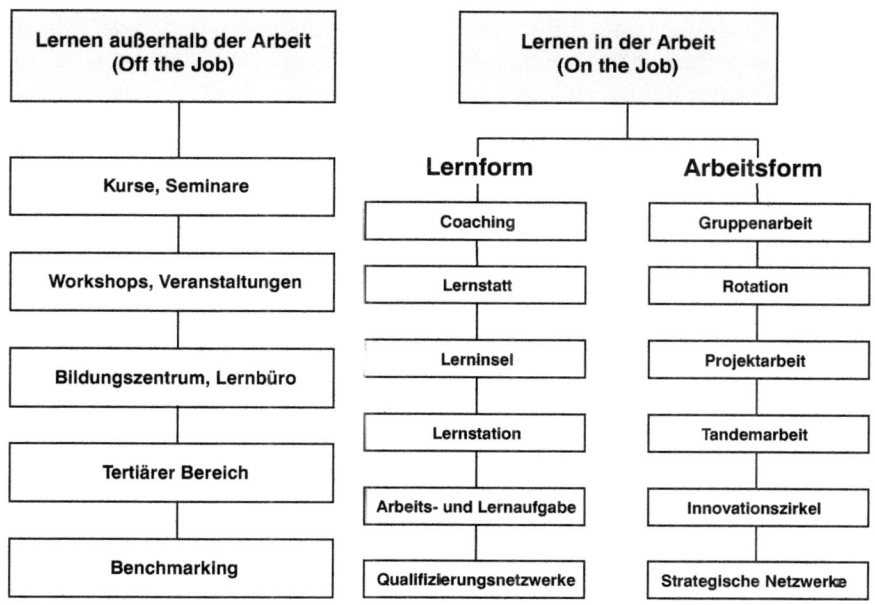

Abbildung 4.4:
Organisationsbezogene Typologie betrieblichen Lernens

Die Abbildung zeigt einen weiteren Typ betrieblichen Lernens, das „Lernen außer-halb der Arbeit", das in modernen Unternehmen gleichfalls starken Veränderungen unterworfen ist (vgl. ebd., S. 241ff.). Lernformen wie Kurse, Seminare, Workshops und Veranstaltungen zielen ebenso wie das Benchmarking verstärkt auf arbeits- und geschäftsprozessbezogene Themen. Dies gilt auch für betriebliche Lernorte wie Bildungszentren und Lernbüros und mit den Unternehmen verbundene Ein-richtungen im tertiären Bereich wie Hochschulen und Berufsakademien. In dieser

Entwicklung des betrieblichen Lernens außerhalb der Arbeit bestätigt sich die generell zu beobachtende Entgrenzung und Pluralität von Lernarten und Lernorten. Für die betriebliche Bildungsarbeit gilt, dass ein neuer Zusammenhang des Lernens durch den gemeinsamen Bezug auf Arbeits-, Geschäfts- und Innovationsprozesse und durch die Vernetzung der Lernstrukturen innerhalb und außerhalb der Arbeit hergestellt wird.

4.3 Den Arbeitsort als Lernort erschließen und gestalten – das Beispiel Lerninsel

Die im Rahmen dezentraler Berufsbildungskonzepte entwickelten Lerninseln sind Arbeiten und Lernen verbindende Lernformen inmitten der Arbeit, die beispielhaft zeigen, wie der Arbeitsort als Lernort erschlossen und gestaltet werden kann. Sie wurden Anfang der 1990er Jahre eingeführt und haben sich in wenigen Jahren konzeptionell und praktisch durchgesetzt (vgl. Dehnbostel/Holz/Novak 1992; Dehnbostel u.a. 2001). Lerninseln entstanden im Zusammenhang mit betrieblichen Reorganisations- und Umstrukturierungsmaßnahmen, und zwar zunächst in der gewerblich-technischen Berufsausbildung. Sie gewannen dann sowohl für die betriebliche Weiterbildung als auch für den kaufmännischen Bereich zunehmend an Bedeutung.

In der Lerninsel werden reale Arbeitsaufgaben in Gruppenarbeit weitgehend selbstständig bearbeitet, wobei es sich um die gleichen Arbeitsaufgaben handelt, wie sie auch im Lerninselumfeld wahrgenommen werden. Im Unterschied zu den umgebenden Arbeitsplätzen steht aber mehr Zeit für Qualifizierungs- und Lernprozesse zur Verfügung. Hierzu sind die Lerninseln mit Lernmaterialien wie Lernsoftware und Visualisierungsmöglichkeiten ausgestattet. Ein weitgehend selbstgesteuertes Arbeiten und Lernen ist für die Qualifizierung in Lerninseln konstitutiv. Planung, Durchführung und Bewertung der Arbeitsaufgaben werden von den Lernenden selbstständig und selbstgesteuert vorgenommen. Die Arbeitsaufgaben werden eigenverantwortlich und in intensiver Gruppenarbeit durchgeführt. Die Lernenden handeln im Rahmen vorgegebener Bedingungen und füllen diese nach eigenen Zielorientierungen und Überlegungen aus. Sie müssen zugleich erkennen und entscheiden, was an fachlichem Wissen und Können benötigt wird und wofür Experten hinzuzuziehen sind. Gelernt wird also nicht nach Regeln und Regelanwendungen, gelernt wird vielmehr, Problemstellungen eigenverantwortlich und in Gruppen zu lösen und dabei mit den Unbestimmtheiten und Unsicherheiten von Arbeits- und Sozialsituationen umzugehen.

Lerninseln werden von einem Lerninsel-Begleiter bzw. Aus- und Weiterbildner betreut, dem vorrangig die Rolle eines Prozess- und Entwicklungsbegleiters zukommt und der im Allgemeinen arbeits- und berufspädagogisch qualifiziert ist. Die besondere Herausforderung liegt für ihn/sie darin, Wissen und Können nicht über herkömmliche, instruktionistische Methoden zu vermitteln, sondern selbstgesteuerte Arbeits- und Lernprozesse weitgehend zuzulassen. Es müssen Lernsituationen und Lernmilieus zum Selbstlernen und zum größtenteils selbstständigen

Erwerb von Fach-, Sozial- und Methodenkompetenzen geschaffen werden. An die Stelle bisherigen „Lehrens" und „Instruierens" treten Begleitungs-, Moderations- und Coaching-Prozesse. Dieser hohe Selbststeuerungsgrad in der Lerninsel-Arbeit ermöglicht auch eine zusätzliche, sehr anspruchsvolle Funktion, die die Lerninseln in einigen Unternehmen wahrnehmen: Sie fungieren als Innovationsstätten im Arbeitsprozess, vor allem für arbeitsorganisatorische, soziale und methodische Zielsetzungen. Zusammengefasst sind Lerninseln durch folgende übergreifende Merkmale geprägt:

- Lerninseln sind mit Lernausstattungen angereicherte Arbeitsplätze, an denen reale Arbeitsaufträge bearbeitet werden und eine Qualifizierung stattfindet;
- die Arbeitsaufträge genügen den Kriterien ganzheitlicher Arbeit, sie bieten durch Komplexität, Problemhaltigkeit und Variantenreichtum Möglichkeiten und Anreize zum Lernen;
- in der Lerninsel wird in der Gruppe nach den Prinzipien teilautonomer Gruppenarbeit gearbeitet;
- Lerninseln werden von einer Fachkraft der jeweiligen Betriebsabteilung betreut, die vorrangig die Rolle eines Prozess- und Entwicklungsbegleiters des Lern-insel-Teams wahrnimmt und die arbeits- und berufspädagogisch qualifiziert ist;
- Lerninseln können auch Innovationsstätten im Arbeitsprozess sein, vor allem für arbeitsorganisatorische, soziale und methodische Entwicklungen.

Mit der Verbreitung und Differenzierung von Lerninseln sind unterschiedliche, dabei aber im Kern gleiche Merkmale und Ziele des Lerninsel-Konzepts entwickelt worden (vgl. Pätzold/Lang 1999, S. 230ff.; Dehnbostel 2001a, S. 65ff.; Dehnbostel u.a. 2001, S. 10ff.), die sich in folgender Abbildung darstellen lassen:

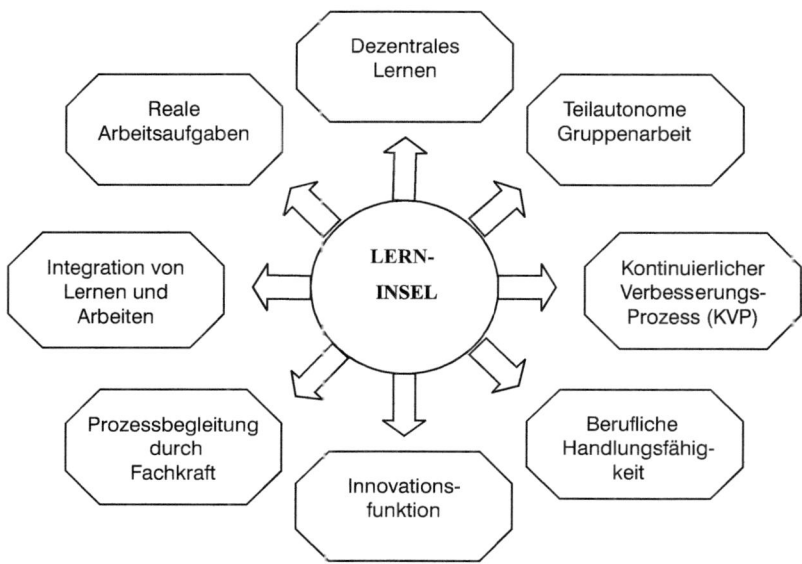

Abbildung 4.5:
Merkmale des Lerninsel-Konzepts

Die Verweildauer in Lerninseln beträgt – in Abhängigkeit von Unternehmungen und Abteilungen – zwischen zwei Wochen und mehreren Monaten. Drei bis sechs Mitarbeiter/-innen oder Auszubildende sowie eine ausbildende Fachkraft arbeiten jeweils in einer Lerninsel, wobei in einigen Unternehmen auch Lerninseln mit generationsübergreifenden Gruppen bestehen, in denen gezielt ältere Beschäftigte und Auszubildende in der Lerninsel zusammen arbeiten und lernen. Ein- und Ausstieg können als Gruppe oder nach dem Rotations-Modell einzeln erfolgen. Von der Lerninsel-Gruppe wird die gleiche Qualitätsarbeit verlangt wie sie im Arbeitsumfeld geleistet wird. Die Arbeitsaufträge werden unter Fach-, Qualitäts- und Wirtschaftlichkeitsgesichtspunkten beurteilt und die gemachten Erfahrungen werden reflektiert. Für die Lerninseln gibt es Lernzielbeschreibungen, die sich auf fachliche, methodische und soziale Ziele beziehen. Diese Ziele werden in der Lerninsel-Gruppe besprochen und in der Arbeit eingelöst. Auch betriebswirtschaftliche sowie arbeits- und technikgestaltende Ziele werden dabei berücksichtigt.

Insgesamt haben Lerninseln in den wenigen Jahren seit ihrer Einführung eine starke Verbreitung und Differenzierung erfahren. Es gibt sie mittlerweile in vielen Unternehmen und auch – in besonderen Varianten – in Bildungszentren und berufsbildenden Schulen. Im betrieblichen Einsatz sind unterschiedliche Formen des Lerninsel-Konzepts entwickelt worden, so die „Lern- und Arbeitsinseln", die „temporären Lerninseln" und die „Lerncenter". Ihre hohe Akzeptanz ist auf die Qualität der Qualifizierung bei gleichzeitiger Wirtschaftlichkeit zurückzuführen. Entstanden die Lerninseln zunächst in der gewerblich-technischen Berufsausbildung, so werden Lerninseln heute auch für die betriebliche Weiterbildung eingesetzt, und zwar vorrangig für die Anpassungsqualifizierung und die Einstiegsqualifizierung. Auch in der kaufmännischen Berufsbildung sind Lerninseln eingerichtet worden.

Angesichts dieses Differenzierungsprozesses erscheint es notwendig, für dezentrale betriebliche Lerninseln eine tragfähige Typisierung vorzunehmen. Kriterien einer solchen Typisierung sind nach Holz (1999, S. 284) die unterschiedlichen Qualifizierungs- und Bildungsbereiche, die Zielgruppen der Qualifizierung und die Art der Arbeitsaufgaben. Im Überblick sieht dieser Typisierungsansatz folgendermaßen aus:

Unterschiede nach dem Anlass des Lerninsel-einsatzes	Unterschiedliche Zielgruppen	Unterschiedliche Aufgabenstellungen
▪ Ausbildung ▪ Weiterbildung ▪ Anpassungsfortbildung	▪ Auszubildende ▪ Facharbeiter ▪ Ungelernte ▪ Mischgruppen	▪ Zerspannung ▪ Montage ▪ Instandhaltung ▪ Service

Abbildung 4.6:
Typisierung von Lerninseln

Die Lernform der Lerninsel ist ein – zu verallgemeinerndes – Beispiel für die Erschließung und Gestaltung von Arbeitsprozessen und Lernumgebungen sowie für die Integration formellen und informellen Lernens (vgl. Dehnbostel 2003b, S. 6ff.). Diese Aufgabe wird von Aus- und Weiterbildnern wahrgenommen, die dafür qualifiziert sind. Die Erschließung und Gestaltung des Arbeitsorts als Lernort ist eine Methode zur Etablierung von Lernformen und der gleichzeitigen Einlösung von Kriterien zur lern- und kompetenzförderlichen Arbeitsgestaltung. Es ist aber keine zwingende Methode, da Lernformen auch ohne dieses systematische Vorgehen eingerichtet werden können. Wendet man die Methode an, dann umfasst die Erschließung den Prozess der Untersuchung, der Auswahl und Formierung des Arbeitsplatzes als Lernort. Gestalten bedeutet hier die gezielte Herstellung lernförderlicher Strukturen, insbesondere durch personelle Maßnahmen und entsprechende Ausstattungen.

Für die Praxis der Erschließung des Arbeitsplatzes als Lernort und Gestaltung als Lerninsel wurde ein Phasenmodell entwickelt, das vielfach angewandt worden ist und die in der folgenden Abbildung dargestellten fünf Phasen durchläuft.

In der ersten Phase werden Arbeitsplätze und Arbeitsaufgaben analysiert und die damit verbundenen Qualifikationsanforderungen und Arbeitsbedingungen festgestellt. Untersucht wird, welche Lernpotenziale und Lernmöglichkeiten bestehen. Die gewonnenen Erkenntnisse führen unter Einbeziehung arbeits- und berufspädagogischer Kriterien in einer zweiten Phase zu der Entscheidung, ob der untersuchte Arbeitsplatz als Lernform ausgewählt wird.

In einer dritten Phase werden Struktur, Ausstattungen und Organisationsprinzipien festgelegt, eine Arbeits- und Lerninfrastruktur hergestellt. Lernziele, Lerninhalte und Methoden werden dann in Phase 4 auf der Grundlage der Arbeits-Lern-Situation, der organisationalen Zusammenhänge sowie der personalen und sozialen Zielsetzungen bestimmt. Die abschließende fünfte Phase dient der konkreten Planung der Arbeit und der Abläufe in der Lernform sowie der Bereitstellung eines Modells zur Qualitätsbewertung der verrichteten Arbeit. Die Qualität der Lernprozesse und der Kompetenzentwicklung wird gleichfalls auf der Grundlage fester Kriterien überprüft. Diese letzte Phase kann auch in zwei Phasen unterteilt werden, und zwar die der Gestaltung und die der Bewertung.

Das Modell wird in unterschiedlichen Varianten praktiziert. Es hat sich gezeigt, dass Analysen und Auswahlkriterien für die Einrichtung von Lerninseln und anderen Lernformen in der Arbeit notwendig sind, da sich eine Reihe von Arbeitsplätzen und Arbeitsprozessen aus unterschiedlichen Gründen nicht als Lernorte eignet. Eine unabdingbare Voraussetzung zur Einrichtung arbeitsgebundener Lernformen ist das Vorhandensein ganzheitlicher Arbeitsaufgaben mit planenden, ausführenden und bewertenden Anteilen.

1. Phase: Arbeitsprozess- und Qualifikationsanalysen

- Durchführung von Arbeitsprozess- und Qualifikationsanalysen
- Bedingungen zur Bearbeitung von Arbeitsaufgaben analysieren
- Lernpotenziale und Lernmöglichkeiten feststellen

2. Phase: Auswahl von Arbeitsplätzen als Lernort „Lerninsel"

- Auswahl von Arbeitsplätzen als Lernort Lerninsel unter Berürcksichtigung der Ergebnisse der zuvor vorgenommenen Analysen
- Bestimmung des Lernorts unter berufs- und betriebspädagogischen Gesichtspunkten

3. Phase: Herstellung der Arbeits- und Lerninfrastruktur

- Festlegung der Arbeitsstruktur; Auswahl von Maschinen, Anlagen und Werkzeugen
- Herstellung einer Lerninfrastruktur durch Ausstattungen, Lernmaterialien, Lernsoftware
- Festlegung der Organisationsprinzipien der Lerninsel-Arbeit

4. Phase: Angabe von Lernzielen, Lerninhalten und Methoden

- Benennung der wichtigsten Lernziele unter Berücksichtigung der Arbeitsaufgaben, der organisationalen Zusammenhänge sowie der personalen und sozialen Zielsetzungen
- Benennung der wichtigsten Lerninhalte
- Hinweise zum methodischen Vorgehen und zum Einsatz von Einzelmethoden

5. Phase: Gestaltung und Bewertung der Lerninsel-Arbeit

- Bestimmung von Form und Inhalt der Gruppenarbeit
- Anwendung eines Qualitätsmanagementmodells
- Bewertung der Arbeitsergebnisse und der Lernprozesse

Abbildung 4.7:
Phasenmodell zur Erschließung und Gestaltung des Arbeitsorts als Lernort – das Beispiel Lerninsel

Mit den lern- und kompetenzförderlichen Kriterien und den neuen Lernformen sind in diesem Abschnitt zwei grundlegende Vorgehensweisen zur Arbeitsgestaltung vorgestellt worden. Dabei geht die Etablierung von Lernformen immer mit der Anwendung von Kriterien lern- und kompetenzförderlicher Arbeit einher. Die Erschließung des Arbeitsorts als Lernort und Gestaltung als Lernform ist als praxisbewährte Methode zur Einrichtung von Lernformen anzusehen.

Die im nächsten Kapitel thematisierte Begleitung und Beratung in der Arbeitswelt und dabei insbesondere die Lernprozessbegleitung in der Arbeit sowie die später dargestellten Entwicklungs- und Aufstiegswege stellen zwei weitere Zugänge zur lern- und kompetenzförderlichen Arbeitgestaltung dar, so dass hier abschließend folgende definitorische Bestimmung vorgenommen werden kann:

Lern- und kompetenzförderliche Arbeitsgestaltung
Die lern- und kompetenzförderliche Arbeitsgestaltung umfasst Kriterien und Konzepte, die seit den 1980er Jahren entwickelt und erprobt worden sind:
- Kriterien lern- und kompetenzförderlicher Arbeit
- Arbeiten und Lernen verbindende Lernformen
- Lernprozessbegleitung in der Arbeit
- betriebliche Entwicklungs- und Aufstiegswege.

Fragen zum Themenbereich „Lern- und kompetenzförderliche Arbeitsgestaltung"

- In verschiedenen sozialwissenschaftlichen Disziplinen sind Kriterien zur Analyse und Gestaltung lern- und kompetenzförderlicher Arbeit entwickelt worden. Welche Kriterien sind dies und wie sind sie zu charakterisieren? Welche Funktion haben die Kriterien lern- und kompetenzförderlicher Arbeit, inwiefern geben sie Auskunft über tatsächliche Lernpotenziale und Lernchancen in der Arbeit?
- Die Schaffung von Arbeiten und Lernen verbindenden Lernformen ist eine wichtige Maßnahme zur Herstellung lern- und kompetenzförderlicher Arbeit. Was sind wichtige Lernformen in der Arbeit und welche Schritte sind bei der Erschließung und Gestaltung des Arbeitsplatzes als Lernort über Lernformen zu gehen?

Literatur zur Vertiefung

Dehnbostel, P. (2003b): Neue Konzepte zum Lernen im Prozess der Arbeit: Den Arbeitsplatz als Lernort erschließen und gestalten. In: GdWZ 13, Heft 1, S. 5–9

Dybowski, G. u.a. (1999): Betriebliche Innovations- und Lernstrategien. Implikationen für berufliche Bildungs- und betriebliche Personalentwicklungsprozesse. Bielefeld

Frieling, E. u.a. (2006): Lernen in der Arbeit. Entwicklung eines Verfahrens zur Bestimmung der Lernmöglichkeiten am Arbeitsplatz. Münster u.a.

5 Begleitung und Beratung in der Arbeitswelt

Begleitung und Beratung sind in der postmodernen Gesellschaft nicht nur in der Alltags- und Lebenswelt wichtige Dienstleistungen, sondern ebenso in der Arbeits- und Berufswelt, von der Ausbildung über die Beschäftigungsfähigkeit bis zur lebensbegleitenden Weiterbildung. Im Alltagsleben bieten psychologische Beratung, Gesundheitsberatung, Eheberatung, Rechtsberatung und viele Beratungen mehr dem Individuum Entscheidungshilfe bei der Problembewältigung, in der Arbeitswelt finden Personen-, Organisations- und andere Beratungen statt. Auch eine über die Beratung hinausgehende kontinuierliche Begleitung von Entwicklungs- und Lebensprozessen nimmt über Einrichtungen und vernetzte Strukturen im sozialen Umfeld ebenso zu, wie in Weiterbildungs- und Coachingprozessen in und bei der Arbeit.

Begleitung und Beratung durchdringen mittlerweile also alle relevanten Bereiche unserer Lebens- und Arbeitswelt. Sie sind wesentlich als Reaktion auf die Differenzierung, Entgrenzung und Pluralisierung von Lebens- und Arbeitsformen zu verstehen und bieten offenbar eine zeitgemäße Form der persönlichen und kollektiven Be- und Verarbeitung von Modernisierungsprozessen. Sie sind Bestandteil der eigenen Kompetenzentwicklung und beziehen sich gleichermaßen auf die Fach-, Sozial- und Personalkompetenz. In ihrer wissenschaftstheoretischen Zuordnung sind sie stark von systemischen und konstruktivistisch orientierten Ansätzen geprägt, die in der Weiterbildung mit kompetenztheoretischen und bildungstheoretischen Positionen konfrontiert werden.

Nachdem Abschnitt 5.1 zunächst die wachsende Bedeutung von Begleitung und Beratung in unserer Gesellschaft skizziert, setzt sich der folgende Abschnitt 5.2 mit der Bestimmung und inhaltlichen Ausdifferenzierung der Begriffe Weiterbildungsberatung und -begleitung auseinander. Abschnitt 5.3 erörtert den Wandel vom Bildungsträger zum Bildungsdienstleister und dessen Funktion in der Begleitung und Beratung betrieblicher Qualifizierungsprozesse. Im abschließenden Abschnitt 5.4 gibt die Darstellung von zwei aktuell in der Praxis entwickelten Konzepten der Begleitung einen exemplarischen Einblick in den Entwicklungsstand dieses Feldes.

5.1 Wachsende Bedeutung von Begleitung und Beratung

Begleitungs- und Beratungsdienstleistungen wurden in früheren Geschichtsepochen – wenn überhaupt – von familiären, kirchlichen und staatlichen Instanzen wahrgenommen. Der Einzelne, das Individuum hatte nur beschränkte Entscheidungs- und Selbstbestimmungsmöglichkeiten. Mit der „Freisetzung" des Individuums von Zwängen und Bevormundung in der postmodernen Gesellschaft muss der Einzelne für sich selbst entscheiden, auch wenn er dazu keine hinreichende Grundlage hat. Denn Vorhersagbarkeit, Planbarkeit und Sicherheit von Lebensentwürfen und Biografieverläufen nehmen ab. Das Leben in der Wissens- und Dienstleistungsgesellschaft ist in hohem Maße durch Unsicherheit, Ungewissheit,

Pluralität und Paradoxien gekennzeichnet, mit denen der Einzelne leben und umgehen muss.

Die im zweiten Kapitel dargestellte reflexive Handlungsfähigkeit mit ihrer strukturellen und Selbstreflexivität stellt die bisher weitreichendste Antwort auf die neuen Ungewissheiten und Pluralitäten in der Arbeits- und Berufswelt dar. Zur Aneignung, zum Erhalt und zum Ausbau einer reflexiven Handlungsfähigkeit und einer beruflichen Handlungskompetenz bedarf es eines fundierten, nach Arbeits- und Berufsbereichen sowie nach Adressatengruppen spezifizierten Begleitungs- und Beratungsspektrums. Die herkömmliche, für das Industriezeitalter charakteristische Vorhersagbarkeit und Eindeutigkeit von Handlungen und Lebensentwürfen wird darüber nicht wieder hergestellt, wohl aber entstehen neue Bewältigungsstrategien und Gewissheiten, die für die Entfaltung der Berufsbiografie des Einzelnen und deren Bindung an individuelle und gesellschaftliche Wertvorstellungen unabdingbar notwendig sind. Von daher kommt dem sich erst in jüngster Zeit entwickelnden Begleitungs- und Beratungsfeld in der Weiterbildung und hier insbesondere in der Qualifizierung in und bei der Arbeit eine hohe und zunehmende Bedeutung zu.

Für die Einzelperson entstehen aufgrund dieses gesellschaftlich-betrieblichen Wandels elementar veränderte Rahmenbedingungen für die Entwicklung und den Erhalt der Erwerbsarbeit, die sich zudem zunehmend mit privater und ehrenamtlicher Arbeit vermischt. Sie muss sich mit dem Stand und der Entwicklung ihrer Kompetenzen auseinandersetzen, um ihr berufliches Potenzial zu erhalten, zu entwickeln und erfolgreich auf dem Arbeitsmarkt anbieten zu können. Kontinuierliche Innovationen, eine hohe Berufs- und Arbeitsdynamik und die Anforderungen lebenslangen Lernens machen es notwendig, sich weiter zu qualifizieren und weiter zu bilden. Der Einzelne steht dabei vor der Situation, über entsprechende Qualifizierungs- und Weiterbildungsangebote entscheiden und diese in ihren vermutlichen Wirkungen auf die eigene Kompetenzentwicklung mit den zukünftigen Anforderungen vergleichen zu müssen. Ohne Beratung und Begleitung sind solcherart Entscheidungen und eine systematische, zukunftsorientierte Kompetenzentwicklung für viele Beschäftigte und Arbeitssuchende immer weniger zu leisten.

Auch berufliche Entwicklungen in Unternehmen und in der Selbstständigkeit bedürfen einer gezielten Begleitung und Beratung. Herkömmliche betriebliche Karrieremuster und Aufstiegsperspektiven, die auf eine tief gegliederte Hierarchie ausgerichtet sind, werden in neu gestalteten Organisations- und Arbeitsprozessen abgebaut oder gar abgeschafft. Die Verflachung betrieblicher Hierarchien setzt die herkömmlichen Erwartungen und Perspektiven, durch einschlägige Aufstiegswege einen hohen betrieblichen und zumeist auch gesellschaftlichen Status zu erlangen, immer stärker außer Kraft. Enthierarchisierte und dezentralisierte Betriebs- und Arbeitsstrukturen erweisen sich für Aufstiegs- und Entwicklungswege in vielen modernen Unternehmen, aber auch in der selbstständigen, dabei zunehmend vernetzten Erwerbsarbeit als schwer lösbares Problem. Die Einschätzung von Weiterbildungsmöglichkeiten und die Erfassung individuell erworbener Kompetenzen werden immer wichtiger und sind ohne Begleitung und Beratung für immer größer werdende Adressatengruppen nicht allein zu leisten.

Vor diesem Hintergrund wird der Begleitung und Beratung in aktuellen bildungspolitischen Stellungnahmen zur Weiterbildung eine zentrale Funktion zugeschrieben. Besonders im Rahmen von Konzepten zum lebensbegleitenden und selbstgesteuerten Lernen müssen Begleitungs- und Beratungskonzepte verbessert und ausgebaut werden. Sie haben die Unterstützung von Beschäftigten, von Selbstständigen und von Erwerbslosen zum Ziel. Es geht um die Herstellung oder Verstärkung von Selbstständigkeit, Motivation, Reflexion und Beteiligung an Weiterbildung und Kompetenzentwicklung verbunden mit der Herstellung von verbesserter Employability und Chancengleichheit. Da insbesondere sozial und beruflich benachteiligte Personen einen hohen Bedarf an individueller Unterstützung und Betreuung haben, liegt eine zusätzliche Aufgabe von Begleitung und Beratung in der sozialen Integration und der Überwindung von Selektion und Ausgrenzung.

5.2 Begriffsbestimmungen und Differenzierungen

Mit dem vielfachen Gebrauch der Begriffe Begleitung und Beratung geht auch eine Vielfalt von unterschiedlichen Begriffsbestimmungen einher. Diese Vielfalt ist einerseits notwendig, da verschiedene Anwendungs- und Verwendungsbereiche sowie unterschiedliche Referenzdisziplinen differenzierte Begriffsbestimmungen nach sich ziehen, andererseits fehlt es aber häufig an einer hinreichenden begrifflichen Präzision. Beide Begriffe sind mit einem Spektrum möglicher Bedeutungsinhalte verbunden und gegenwärtig weit von einer Eindeutigkeit entfernt. Die Beratung ist dabei der komplexere Begriff, der viele Differenzierungen aufweist und häufig die Begleitung subsumiert.

Mit dem Begriff der Beratung werden in dem umfassenden, von Nestmann/ Engel/Sickendick herausgegebenen allgemeinen Handbuch der Beratung allein 12 Beratungsdisziplinen verbunden (vgl. 2004, S. 45ff.), die sich zusätzlich in Einzeldisziplinen gliedern. Während sich die Begleitung als konzeptionell ausgewiesener Begriff erst in jüngster Zeit im Berufsbildungs- und Weiterbildungsbereich etabliert hat, ist der Begriff Beratung bereits in den 1970er Jahren als Lernberatung vor allem für den Umgang mit Lernproblemen bzw. der Förderung des Lernens bei lernungewohnten Zielgruppen sowie für Geringqualifizierte eingeführt und konzeptionell verankert worden. Die Lernberatung hatte zum Ziel, Lernprobleme bereits im Ansatz zu erkennen und zu beseitigen. Sie hatte eine starke Defizitorientierung, die auch heute noch mit ihr in Verbindung gebracht wird. Der Begleitungsbegriff lässt sich in früheren Jahren vor allem in karitativen und sozialen Bereichen finden, zumeist unter der Bezeichnung von Betreuung und Führung. Er intendierte von vornherein das Ziel der ‚Hilfe zur Selbsthilfe‘, die Reflexion und Selbstständigkeit bei den Betroffenen bewirken sollte.

In dem hier vertretenen Verständnis werden die Begriffe Beratung und Begleitung auf die Arbeitswelt und die berufliche Bildung und Weiterbildung bezogen. Sie werden deutlich unterschieden, da dies die Entwicklungsgeschichte der Begriffe in der Berufs- und Arbeitswelt nahe legt und es vor allem für aktuelle Konzepte sinnvoll und notwendig erscheint. Dies widerspricht auch nicht der Tatsache, dass in einer Reihe von Konzepten Beratung und Begleitung konzeptionell und praktisch verbunden werden. Grob gesagt, weist die Begleitung auf einen längerfristigen, kontinuierlichen Prozess hin, während die Beratung eher punktuell und eingeschränkt verläuft.

Beratung
Beratung in der Weiterbildung erfolgt als eine eher begrenzte Information und Auskunft. Im Allgemeinen umfasst sie einen Reflexions- und Rückkopplungsprozess mit den Beratenden und ist nicht standardisiert. In der Weiterbildungsberatung steht die personenbezogene Beratung im Mittelpunkt, die von einer organisationsbezogenen Beratung von Betrieben und Weiterbildungseinrichtungen zu unterscheiden ist.
Die personenbezogene Beratung kann auf eine Lernberatung beschränkt bleiben oder auch eine darüber hinausgehende Kompetenzentwicklungsberatung sein. Die Beratung kann im Vorfeld einer Weiterbildung stattfinden, in einer konkreten Weiterbildungssituation oder auch im Anschluss an eine Weiterbildung. Sie kann sich sowohl auf Einzelpersonen als auch auf Gruppen beziehen.

Die Beratung in der Weiterbildung hat in den letzten Jahren erheblich zugenommen (vgl. Bretschneider 2005, S. 11), verbunden mit einer hohen Differenzierung von Beratungsformen und -anlässen. Diese Vielfalt deutet die folgende Abbildung an, wobei sowohl auf der ersten Differenzierungsebene – durch Berücksichtigung der gruppenbezogenen Beratung – als auf der zweiten Ebene weitere Spezifizierungen möglich sind (vgl. Schiersmann/Remmele 2004. S. 9f).

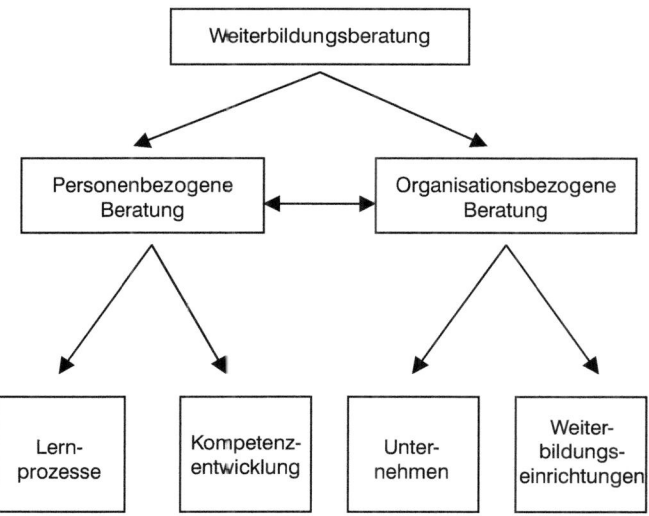

Abbildung 5.1:
Weiterbildungsberatung

In der herkömmlichen Verwendung ist Beratung in starkem Maße auf therapie- und klientenzentrierte Ansätze und systemische Theoriebezüge ausgerichtet. In der Organisations- und Unternehmensberatung wird die Orientierung an der Systemtheorie z. T. geteilt, mit dem Bezug auf unterschiedliche Konzepte der Organisationstheorie besteht allerdings von vornherein ein anderer Bezugs- und Referenzrahmen. Auch in der personenbezogenen Beratung wird die klinisch-psychologisch ausgerichtete Beratung durch konstruktivistische, handlungstheoretische, kompetenztheoretische und andere Ansätze erweitert oder ersetzt, zumal in den Bereichen der Berufs- und Weiterbildung.

Gegenüber den seit Jahrzehnten vorhandenen und sich differenzierenden Beratungskonzepten kommt den auf eine zeitlich längerfristige und kontinuierliche zielende Betreuung zielenden Begleitungskonzepten erst in jüngster Zeit eine wachsende Bedeutung zu. In der Weiterbildung haben sich vor allem drei Typen von Begleitung herausgebildet:

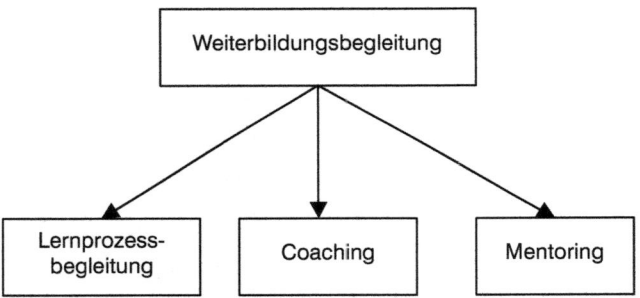

Abbildung 5.2:
Weiterbildungsbegleitung

Die Lernprozessbegleitung erfolgt in neuen betrieblichen Weiterbildungskonzepten größtenteils am Arbeitsplatz und wird durch Lernformen außerhalb der Arbeit wie kompetenzorientierte Seminare ergänzt. Sie wird von ausgebildeten Lernprozessbegleitern geleistet oder auch von Vorgesetzten, Fachkollegen und betrieblichen Experten. Im Abschnitt 5.4 wird die Lernprozessbegleitung in der Arbeit exemplarisch am Beispiel eines IT-Qualifizierungsprojekts dargestellt.

Das Mentoring stellt einen Begleittyp dar, in dem es im Wesentlichen um die „Begleitung und Unterstützung des beruflichen Weges von jungen Potenzialträgern" (Peters 2004, S. 7) geht. Es ist eine längerfristige Anleitungs- und Lernbeziehung zur Nachwuchsintegration oder Karriereplanung. Als Mentor fungieren höhergestellte Führungskräfte, die nicht unmittelbare Vorgesetzte sein und nicht unbedingt aus demselben Unternehmen kommen müssen. Auch erfahrene Berater und Experten kommen als Mentoren in Frage. Ziel ist die Weiterentwicklung der Persönlichkeit und der Fähigkeiten des Mentee sowie die Förderung seiner Karriere. Die Begleitung und Förderung der beruflichen Entwicklung steht im Mittelpunkt. In der betrieblichen Bildungsarbeit und Personalentwicklung finden zusätzlich Unterstützungs- und Begleitformen wie Lernpatenschaften und Tandemlernen Anwendung, die im weiteren Sinn dem Mentoring zuzuzählen sind.

Am weitesten verbreitet in der Weiterbildungsbegleitung ist der Typ des Coaching. Coaching, ursprünglich in sozialen Bereichen, der Psychotherapie und im Spitzensport als Begriff verwendet, hat sich im Laufe der Zeit zu einer Sammelbezeichnung für Begleitungsansätze entwickelt, hinter der sich unterschiedliche Ansätze verbergen und die dennoch unverwechselbar ist. Coaching in der Weiterbildung ist ein besonderer Typ der Begleitung, der Personen oder Gruppen eine professionelle Reflexion und Weiterentwicklung ihrer Lern- und Kompetenzentwicklungsprozesse ermöglichen will, um Selbstständigkeit und Selbststeuerung zu erhöhen. Seit den 1970er Jahren hat das Coaching Einzug in betriebliche Bereiche gehalten. Zunächst in US-amerikanischen Unternehmen, die Coaching als einen personen- und entwicklungsorientierten Führungsstil verstanden. Durch Coaching sollten die Mitarbeiter animiert werden, ihre Leistungsfähigkeit zu verbessern und ihre persönliche Entwicklung zu fördern. Böning unterscheidet sechs Entwicklungsphasen des Coaching vom „Entwicklungsorientierten Führen durch den Vorgesetzten" bis zum Verständnis der 1990er Jahre, wo „fast jede beliebige Tätigkeit ... zum Coaching gemacht (wird), wenn sie eine anspruchsvolle Form des Gesprächs oder der Beratung umfasst" (2000, S. 21).

Seit dieser Zeit werden unterschiedliche „Settings" des Coaching-Konzepts wie Gruppen-Coaching, Team-Coaching, Projekt-Coaching, Online-Coaching und Einzel-Coaching diskutiert und praktiziert. Das Einzel-Coaching und das Gruppen-Coaching haben in jüngster Zeit in Unternehmen als Formen der Weiterbildungsbegleitung Einzug gehalten. Beide Formen können durch einen externen Coach, einen internen Coach oder einen Vorgesetzten- bzw. Linien-Coach durchgeführt werden (vgl. Rauen 2000, S. 45). Anstelle persönlicher Probleme im Klientenverhältnis, wie beim außerbetrieblichen Coaching vorherrschend, werden in den Coachingprozessen auf mittleren und unteren betrieblichen Hierarchieebenen qualifikatorische, kompetenztheoretische und berufliche Entwicklungen im Rahmen von Maßnahmen und Konzepten betrieblicher Bildungsarbeit und Weiterbildung begleitet.

Coachingform	Gegenstand
Einzel-Coaching	Systematische Begleitung eines Mitarbeiters zur Kompetenzverbesserung durch einen professionellen Coach
Gruppen-Coaching	Systematische Begleitung einer Gruppe zur Verbesserung der Kompetenz der Gruppe und der einzelnen Mitglieder durch einen professionellen Coach

Abbildung 5.3:
Coaching als Begleitung der Kompetenzentwicklung in der Arbeit

Der Coach arbeitet methodisch als Kompetenz- und Prozessbegleiter. Seine Aufgaben bestehen zum einen darin, deutliches Feedback zu geben und zum anderen, eine gründliche Diagnose und Bearbeitung von Verhaltens- und Wahrnehmungseinschränkungen durchzuführen. Rückle fasst den Aufgabenbereich des Coaches wie folgt zusammen: „Beim Einzel-Coaching arbeiten beide Partner in einer von Vertrauen getragenen Beziehung sowohl an der methodischen Kompetenz im Umgang mit Führungsaufgaben oder fachlichen Aufgabenstellungen als auch an der individuellen Weiterentwicklung der Kompetenz im Umgang mit sich selbst. Beides zusammen versetzt den Gecoachten in die Lage, mehr und mehr auch komplexere Aufgabenstellungen in eigener Verantwortung systemorientiert bearbeiten und lösen zu können" (Rückle 2000, S. 143). Der Coach als Prozessbegleiter von einzelnen Fachkräften oder Gruppen auf der mittleren und unteren betrieblichen Hierarchieebene verfolgt dabei keinen therapie- und klientenzentrierten, sondern zumeist einen handlungs- oder kompetenztheoretischen Ansatz in Übereinstimmung mit den Zielen betrieblicher Bildungsarbeit.

Unter Einbeziehung unterschiedlicher Typen ist die Begleitung in der Weiterbildung folgendermaßen zu definieren:

Begleitung
Der Begriff Begleitung zielt in der Weiterbildung auf eine längerfristige oder kontinuierliche Betreuung und Entwicklung von Lern- und Kompetenzentwicklungsprozessen von Einzelnen oder von Gruppen. In Unternehmen findet diese Begleitung einerseits durch eine unmittelbare Lernprozessbegleitung statt, andererseits durch ein weiter gefasstes, auf die umfassende Kompetenzentwicklung zielendes Coaching. In neuen Weiterbildungskonzepten erfolgen die Lernprozessbegleitung und das Coaching verstärkt am Arbeitsplatz und werden durch formelles Lernen außerhalb der Arbeit ergänzt. Ein zusätzlicher Typ der Begleitung ist das Mentoring, in dem es um die unmittelbare Unterstützung von Karrierewegen junger Mitarbeiter durch Führungskräfte geht.

Diese Begriffsbestimmungen von Beratung und Begleitung in der Arbeitswelt bringen die Verallgemeinerung und Generalisierung der Begriffe im Zuge ihrer gesellschaftlichen Vereinnahmung und Verbreitung zum Ausdruck. Viele Begleitungs- und Beratungskonzepte nehmen konzeptionell und praktisch jeweils den anderen Schwerpunkt mit auf und beziehen sich nicht nur einseitig auf Begleitung oder Beratung. Führt man sich zum Beispiel eine moderne Schule vor Augen, so wird deutlich, dass sich der Lehrer als Prozessbegleiter von Lern- und Persönlichkeitsentwicklungen nicht nur auf die Begleitung beschränken kann, sondern auch eine – wenn auch nachgeordnete – Beratungsfunktion wahrzunehmen hat. Dies wird besonders in der Vorbereitung auf Ausbildung, Arbeit und Beruf virulent, aber auch im Hinblick auf die Schullaufbahnentwicklung und außerschulische Frage- und Problemfelder.

Zum Abschluss dieses Abschnitts sollen die typischen Merkmale beider Begriffsdimensionen tabellarisch gegenübergestellt werden, wobei es hierbei nur um eine schlagwortartige Kennzeichnung gehen kann.

Begleitung	Beratung
kontinuierlich	punktuell
zeitlich längerfristig	zeitlich eingeschränkt
prozessorientiert	zielorientiert
prospektive Maßnahmen	reaktive Maßnahmen
betreuend	unterstützend
teils informelle Betreuung	formelle Unterstützung

Abbildung 5.4:
Merkmale von Begleitung und Beratung (nach Poek 2005, S. 40)

5.3 Bildungsdienstleister als Begleiter und Berater

Reformpolitisch und konzeptionell fällt Bildungsdienstleistern eine Schlüsselrolle bei einer neuen, auf Begleitung und Beratung setzenden arbeits- und bedarfsbezogenen Berufsbildung und Weiterbildung zu. In weitgehender Veränderung der Aufgaben und Rollen bisheriger über- und außerbetrieblicher Bildungseinrichtungen sollen Bildungsdienstleister bzw. Lernagenturen für betriebliche Bildungsbedarfe sozusagen maßgeschneiderte Lösungen liefern. Dies setzt einen grundlegenden Personal- und Organisationswandel herkömmlicher Bildungsträger voraus (vgl. Dehnbostel/Harder 2004). Es sind – jenseits herkömmlicher Schulungen und Seminare – Dienstleistungen zu entwickeln, die Lernen und Kompetenzentwicklung dort fördern und begleiten, wo die Qualifikations- und Kompetenzprobleme auftreten, also in den Betrieben und an den Arbeitsplätzen. Damit werden von den traditionellen Bildungsträgern, die im Zuge der Hartz-Reformen mit massiven, die eigene Existenz bedrohenden Veränderungen konfrontiert sind, neue Marktsegmente erschlossen, die traditionell eher der Personal- oder Organisationsentwicklung zugerechnet werden.

Letztlich geht es bei der Wahrnehmung von Begleitung und Beratung als neuer Bildungsdienstleistung, so Döring/Mohr, um eine Neudefinition „des Kerngeschäfts von Bildungsträgern" (2002, S. 2). Dies bedeutet, dass Lernprozessbegleiter oder Coachs die Qualifizierung in der Arbeit systematisch begleiten und – in Abhängigkeit von den Zielsetzungen der Weiterbildung – um organisiertes, formelles Lernen innerhalb und außerhalb der Arbeit erweitern. Bei dem dafür notwendigen prinzipiellen Personal- und Organisationswandel entwickelt sich der Trainer zum Lernprozessbegleiter und Coach, der Weiterbildungsträger zum Bildungsdienstleister bzw. zur Lernagentur. Die herkömmliche Rolle des Bildungsträgers lässt sich in typologischer Gegenüberstellung zum Bildungsdienstleister folgendermaßen darstellen (vgl. Dehnbostel/Harder 2004, S. 186):

Bildungsträger	Bildungsdienstleister
Angebotsorientiert und anlassbezogen, Lerninfrastruktur für Teilnehmer fremdorganisiert	Nachfrageorientiert und prozessbezogen, Lerninfrastruktur möglichst partizipativ organisiert
Relativ starres Angebot an Seminaren, Kursen und Lehrgängen	Bedarfsgerechte, maßgeschneiderte Qualifizierung und Kompetenzentwicklung vor Ort und über Kompetenzworkshops
Rezeptives, instruktionistisches Lernen, das weitgehend linear und systematisch erfolgt	Lernen als aktiv-konstruktiver, selbstgesteuerter Prozess
Didaktisch-methodische Orientierung an Qualifikationen und fest fixierten Wissensbeständen	Didaktisch-methodische Orientierung an Arbeitsprozessen, Kompetenzen und reflexiver Handlungsfähigkeit
Der Lehrende leitet an, der Lernende nimmt auf	Der Lernende nimmt eine weitgehend selbstgesteuerte Rolle an, der Lehrende ist Lernprozessbegleiter und Coach

Abbildung 5.5:
Merkmale von Bildungsträgern und Bildungsdienstleistern

Wie Erkenntnisse und Erfahrungen zeigen, lassen sich beim Wandel vom Bildungsträger zur Lernagentur drei hauptsächliche Entwicklungsfelder der Transformation beobachten: Veränderung der Kooperationsbeziehungen in Richtung einer Netzwerkstrukturierung (1); Rollenwechsel vom Lehrenden zum Lernprozessbegleiter und Coach (2); Personal- und Organisationsentwicklung unter besonderer Berücksichtigung der Kundenbindung (3).

(1) Veränderte Kooperationsbeziehungen

In der Fachliteratur wird eine Veränderung der Kooperationsbeziehungen zwischen Weiterbildungsträgern und Klein- und Mittelbetrieben spätestens seit Anfang der 1990er Jahre gefordert. Die Forderungen stimmen mit den in der Abbildung 5.5 angegebenen Merkmalen des Übergangs vom Bildungsträger zum Bildungsdienstleister im Wesentlichen überein. So erklärte das Bildungswerk der Hessischen Wirtschaft schon 1992, dass „insbesondere für Klein- und Mittelbetriebe die externen Bildungseinrichtungen Partner in der Gestaltung von Qualifizierungsprozessen werden müssen", indem sie Bedarfsanalysen unterstützen, zum lernorientierten Arbeiten beraten und die Weiterbildungsberatung in „Netzwerken zwischen Betrieben und Bildungseinrichtungen" ausbauen (Debener/Siehlmann 1992, S. 282).

Insbesondere die Kooperation von Bildungsträgern und KMU unterliegt vielen Problemen und Hemmnissen, die nach Flüter-Hoffmann (2002, S. 269ff.) auch dann bestehen, wenn „Bildungs- und Beratungsinstitutionen bereit sind, die Unternehmen mit maßgeschneiderten Konzepten zu begleiten". Vorrangige Probleme sind „die Wahl eines geeigneten Partners", die Klärung der „Ziele und Rahmenbedingungen im Voraus", „Vorbehalte und Vertrauensmangel" und „Kostenaspekte". Wie im folgenden Abschnitt am Beispiel des Projekts ITAQU deutlich wird, sind zukunftsweisende Kooperations- und Interaktionsbeziehungen zwischen KMU und einem Bildungsträger bzw. einer Lernagentur vor allem durch die Umsetzung einschlägiger Netzwerkmerkmale (vgl. Elsholz 2004) erfolgreich zu gestalten.

(2) Lernprozessbegleiter und Coach

Für die in der letzten Zeile der Abbildung 5.5 angesprochenen Aufgabe der Lernprozessbegleiter und Coachs gilt, dass sie vorrangig die Rolle der Prozess- und Entwicklungsbegleitung wahrnehmen, wobei die besondere Herausforderung darin liegt, Wissen und Können nicht über herkömmliche Seminarmethoden zu vermitteln, sondern selbstgesteuerte Arbeits- und Lernprozesse weitgehend zuzulassen und zu fördern. Es müssen in Übereinstimmung mit den in Kapitel 2 beschriebenen Lernorientierungen Lernsituationen und Lernmilieus zum Selbstlernen und zum größtenteils selbstständigen Erwerb von Fach-, Sozial- und Personalkompetenzen geschaffen werden. An die Stelle bisherigen „Lehrens" und „Instruierens" treten hier Begleitungs-, Moderations- und Unterstützungsprozesse. Diese Fähigkeiten verlangen vom bisherigen Trainer- und Lehrpersonal eine grundlegende Umorientierung und eine Neudefinition ihrer Rollen (vgl. Schiersmann 1999, S. 207; Kailer 2002).

Zusätzlich zu den Begleitungs-, Moderations- und pädagogischen Kompetenzen der Lernprozessbegleiter und Coachs ist ein gewisses Maß an Fachkompetenz und beruflicher Handlungskompetenz in dem zu begleitenden Berufsfeld als notwendig zu erachten, womit eine Abgrenzung zu den Konzepten vorgenommen wird, die eine Lernprozessbegleitung ohne dazugehörige Berufskompetenz für möglich halten. Es geht nicht darum, einzelne Fachkompetenzen in dem betreffenden Berufsfeld wie die dort tätigen Fachkräfte in allen Einzelheiten zu beherrschen, wohl aber muss ein auf die Fachkompetenz bezogenes Überblickswissen und Zusammenhangsverständnis bestehen, um überhaupt eine arbeits- und gegenstandsbezogene Begleitung und Betreuung leisten zu können. Hiermit stellt sich natürlich die Frage nach dem Professionalisierungsgrad der Lernprozessbegleiter und Coachs selbst, der sicherlich oberhalb der Ebene der Qualifizierung nach der Ausbildereignungsverordnung (AEVO) und des IT-Trainers liegen sollte.

(3) Organisations- und Personalentwicklung

Bildungsdienstleister stellen die Kundenorientierung und Kundenbindung in den Mittelpunkt ihrer Organisationsentwicklung. Hierin wird die Basis einer erfolgreichen wirtschaftlichen Entwicklung gesehen und hierin besteht letztlich auch die entscheidende Ursache für den Wandel vom Bildungsträger zum Bildungsdienstleister. Die Qualifizierung und Fortbildung durch einen Bildungsdienstleister stellt für die Unternehmen einen wichtigen Teil der eigenen betrieblichen Bildungsarbeit und Organisationsentwicklung dar. Besonders stellt die gezielte und mit Kosten und Zeitaufwand verbundene Fortbildung eines bewährten Mitarbeiters für Kleinst- und Kleinbetriebe eine bedeutsame Maßnahme dar, die in vielfacher Weise auf den Betrieb rückwirkt. Die in der Qualifizierung zu erwerbenden Kompetenzen und die Kooperation mit dem Bildungsdienstleister geben Anlass, die betriebliche Organisations- und Personalentwicklung zu reflektieren und weiter zu entwickeln.

Die arbeits- und bedarfsbezogene Qualifizierung und Fortbildung von Bildungsdienstleistern ist somit mit der Personal- und Organisationsentwicklung der jeweiligen Unternehmen verschränkt. Die Unternehmen erhalten dadurch eine weit über die unmittelbare Fortbildung hinausgehende Beratung und Begleitung, zu der insbesondere Klein – und Mittelbetriebe aus eigener Kraft zumeist nicht in der Lage sind. Zusätzlich ist zu beachten, dass die Personal- und Organisationsentwicklung im Wandel von einem Anpassungs- zu einem Gestaltungsansatz, von einer reaktiven zu einer antizipierenden Strategie (vgl. Arnold 1997, S. 61ff.; Dehnbostel/Pätzold 2004, S. 23ff.) auch für Klein- und Mittelbetriebe immer wichtiger wird. Die mit der ökonomischen und betrieblichen Entwicklung verbundenen neuen Arbeits- und Wissenskonzepte erfordern kontinuierliche Organisations- und Kompetenzentwicklungsprozesse, die mit einer dynamischen Personal- und Organisationsentwicklung einhergehen und einer Begleitung und Beratung bedürfen.

Besonders in Klein- und Mittelbetrieben (KMU) haben Begleitung und Beratung durch Bildungsdienstleister in dieser Situation die Aufgabe, nicht nur das Lernen und die Weiterbildung in der Arbeit unter Qualitätsgesichtspunkten zu fördern, sondern auch die notwendige Verbindung mit dem Lernen und dem Bildungssystem außerhalb der Arbeit herzustellen, eine Aufgabe, die in Großbetrieben vielfach über die organisierte Personal- und Organisationsentwicklung wahrgenommen wird. Für Flüter-Hoffmann ist einerseits „sowohl der Beratungs- als auch der Bildungsbedarf in KMU sehr hoch", andererseits werden „Qualifizierungsmaßnahmen ... ad hoc und zumeist erst unter großem Problemdruck in Angriff genommen oder – für KMU und deren Beschäftigten noch fataler – es wird ganz darauf verzichtet" (2002, S. 262). Das liegt vor allem an der Konzentration auf das Kerngeschäft, an betrieblich eingeschränkten Ressourcen und an einem kaum ausgeprägten Bewusstsein von den ökonomischen Folgen mangelnder Weiterbildung und dazugehöriger Begleitung und Beratung.

Wie Konzepte und Modellprojekte gezeigt haben, sind KMU aus diesen Gründen kaum für eigenständige und systematisch zu betreibende Weiterbildung und Personalentwicklung zu gewinnen. Anders sieht es mit einer Weiterbildung aus, die am Lernen, an Verbesserungen und Innovationen in der Arbeit ansetzt und damit reale Situationen und Probleme im Betriebsalltag der KMU aufnimmt und unmittelbar zu deren Bearbeitung beiträgt. Bei der Umsetzung des IT-Weiterbildungssystems in KMU ist dies der Fall, wenn eine entsprechende Begleitung und Beratung stattfindet (vgl. Meyer 2006, S. 154ff.; Molzberger/Schröder 2007).

Das seit 2002 bestehende IT-Weiterbildungskonzept zeigt, in welch starkem Maße die Weiterbildung in und bei der Arbeit erfolgen kann, aber auch dass sie in KMU ohne Begleitung und Beratung chancenlos ist. Die IT-Weiterbildung kann im Wesentlichen über Qualifikationen und Kompetenzen erfolgen, die durch Lernen im Prozess der Arbeit und die systematische Verbindung von informellem und formellem Lernen erworben werden. Im Konzept der „Arbeitsprozessorientierten Weiterbildung" wird dieser Ansatz unter Einbeziehung einer integrierten Lernprozessbegleitung didaktisch-methodisch und lerntheoretisch ausgerichtet (vgl. Loroff/Einhaus 2006; Meyer 2006, insbes. S. 103ff.; Rohs 2004).

Wesentlich ist die Erweiterung und Anreicherung des informellen Lernens durch Lerninhalte, die den Erwerb ganzheitlicher Qualifikationen und Kompetenzen ermöglichen. Dies erfolgt u.a. über Reflexionsgespräche und Projekte in der Arbeit, aber auch an komplementären Lernorten außerhalb der Arbeit. Die prinzipielle didaktisch-methodische Ausrichtung dieses Konzepts folgt den Leitvorstellungen der Prozessorientierung, der Erfahrungsorientierung, der Selbststeuerung, der Kooperationsfähigkeit und der Pluralität von Lernformen. (vgl. Rohs 2002, S. 79ff.). In welchen Lernformen und mit welchen Methoden die Weiterbildung im Einzelnen erfolgt, wird nicht festgelegt, um das Konzept flexibel und gestaltungsoffen zu halten. Eine kontinuierliche personelle Beratung und Begleitung durch Vorgesetzte, Fachkollegen, Experten und vor allem durch Lernprozessbegleiter und Coachs wird als zwingend notwendige Voraussetzung zur Realisierung dieses Konzepts angesehen. Im folgenden Abschnitt wird mit dem ITAQU-Konzept die Realisierung dieses Ansatzes für Klein- und Mittelbetriebe gezeigt, wobei die Begleitung und Beratung von einem kleinbetrieblichen Weiterbildungsträger bzw. einer Lernagentur durchgeführt wird.

5.4 Beispielhafte Begleitungs- und Beratungskonzepte

Im Folgenden werden zwei Begleitungskonzepte mit unterschiedlichen Handlungsfeldern und Adressatengruppen exemplarisch dargestellt: Das Konzept der Lernprozessbegleitung in der Arbeit im Qualifizierungskonzept des Projekts „Arbeitsprozessorientierte Weiterbildung für IT-Spezialisten in vernetzten kleinen und mittleren Unternehmen" (ITAQU) sowie das Konzept des „Arbeitnehmerorientierten Coachings" des Projekts „Kompetenzentwicklung in vernetzten Lernstrukturen – Gestaltung arbeitnehmerorientierter Arbeits-, Beratungs- und Weiterbildungskonzepte" (KomNetz). Für beide Konzepte gilt, dass die Begleitung der beruflichen Qualifizierung und Kompetenzentwicklung dient, allerdings in unterschiedlichen Kontexten und mit unterschiedlichen Zielsetzungen.

5.4.1 Lernprozessbegleitung in der Arbeit – das Beispiel ITAQU

Das Entwicklungs- und Forschungsprojekt ITAQU zielt darauf ab, das Konzept einer arbeitsprozessorientierten Qualifizierung in kleinen und mittleren IT-Unternehmen einzuführen und zu gestalten (Meyer u.a. 2004, S. 155ff.; Meyer 2006, S. 113ff.; Molzberger/Schröder 2007, S. 250ff.; www.itaqu.de). Es hatte eine Laufzeit von Mitte 2003 bis Mitte 2006 und wurde durch die „Behörde für Wirtschaft und Arbeit" des Hamburger Senats sowie aus Mitteln des Europäischen Sozialfonds

(ESF) gefördert. Durchführungsträger des Projekts war die Weiterbildungs-einrichtung ComPers, die wissenschaftliche Begleitung erfolgt durch die Helmut-Schmidt-Universität Hamburg.

Das arbeitsbezogene Qualifizierungskonzept findet im Rahmen des neuen IT-Weiterbildungssystems statt (vgl. BMBF 2002; Meyer 2006, S. 91ff.; Dehnbostel 2005, S. 9ff.), dem die IT-Fortbildungsverordnung (2002) zugrunde liegt. Nach dieser Verordnung sind in der IT-Weiterbildung Abschlüsse als „Spezialisten" und darauf aufbauend als „Professionals" vorgesehen. In dem Projekt werden IT-Systemadministratoren, IT-Vertriebsbeauftragte, IT-Trainer, IT-Anwendungs-administratoren und IT-Netzwerkadministratoren qualifiziert. Die Spezialisten-abschlüsse sind, anders als die Professionalabschlüsse, nicht als Fortbildungsberufe im Sinne des Berufsbildungsgesetzes (BBiG) anerkannt; ihre Anerkennung und Zertifizierung erfolgt nach einem privatrechtlich organisierten Verfahren über eine Zertifizierungsstelle (vgl. Vespermann 2005).

Die IT-Weiterbildung erfolgt im Wesentlichen über das Lernen im Prozess der Arbeit, wobei informelles und formelles Lernen systematisch verbunden werden. Im Konzept der bereits zu Ende des letzten Abschnitts angesprochenen „Arbeits-prozessorientierten Weiterbildung" wird dieser Ansatz didaktisch-methodisch und lerntheoretisch fundiert. Zu einer Lernprozessbegleitung mit verbundener Be-ratung sind mittel- und vor allem kleinbetriebliche Unternehmen im Allgemeinen nicht in der Lage. Dazu fehlen die entsprechende Infrastruktur und die personellen Kompetenzen, zumal in Zeiten, in denen Qualifizierungsbedarfe einer schnellen, durch Globalisierung und vielfache Innovationen hervorgerufenen Dynamik unter-liegen. Im ITAQU-Projekt hat sich gezeigt, dass diese Begleitung über den Bildungsträger Compers in den bisher beteiligten rund 20 Klein- und Mittel-betrieben nicht nur erfolgreich etabliert werden konnte, sondern für mehrere Unternehmen eine über die Weiterbildung hinausgehende Innovation darstellt, die weit in die – im KMU-Bereich kaum entwickelte – Personal- und Organisationsent-wicklung reicht. Dabei wird von folgender allgemeinen Begriffsbestimmung der Lernprozessbegleitung ausgegangen.

Lernprozessbegleitung
Unter Lernprozessbegleitung wird in neuen Weiterbildungskonzepten die direkte personelle Unterstützung von Lernenden verstanden. Sie erfolgt größtenteils am Arbeitsplatz und wird zumeist durch Lernen außerhalb der Arbeit ergänzt. Lern-prozessbegleitung fordert und fördert Lern- und Veränderungsprozesse und hat reflek-tierende und optimierende Funktionen. Sie integriert formelles und informelles Lernen und trägt zumeist zu einer über das Lernen hinausgehenden Begleitung der Kom-petenzentwicklung bei, auch wenn der Schwerpunkt im Unterschied zum Coaching in der Begleitung des Lernens liegt.

In Übereinstimmung mit der arbeitsbezogenen Ausrichtung der IT-Weiterbildung steht im ITAQU-Qualifizierungskonzept das Lernen in der Arbeit im Mittelpunkt und sieht in der kontinuierlichen Lernprozessbegleitung – auch für Lernorte außerhalb der Arbeit – den Garanten für eine erfolgreiche Fortbildung. Die übergeordnete Zielsetzung der Qualifizierung besteht im Erwerb einer umfassenden beruflichen Handlungskompetenz und einer reflexiven Handlungsfähigkeit, die die Kompetenzfelder und Inhalte der jeweiligen Spezialistenprofile ebenso umfassen wie die von Seiten der Betriebe geforderten Qualifikationen und Kompetenzen (vgl. Schröder 2004). Das Qualifizierungskonzept verbindet das arbeitsgebundene bzw. arbeitsintegrierte Lernen in der Arbeit mit einem arbeitsverbundenen Lernen. Die nachfolgende Abbildung zeigt die einzelnen Qualifizierungsstationen dieses Konzepts im Überblick.

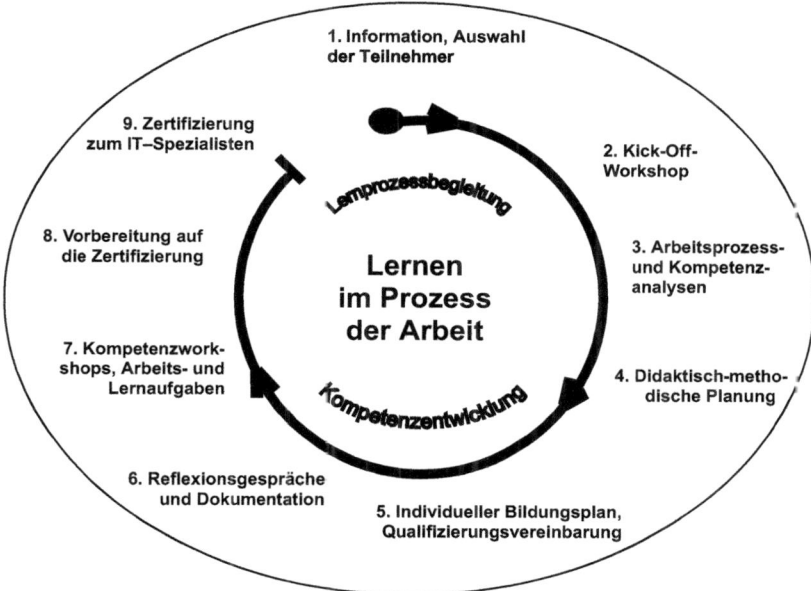

Abbildung 5.6:
Einjähriges Qualifizierungskonzept für IT-Spezialisten

In der einjährigen Qualifizierung wird das Lernen im Prozess der Arbeit von Lernprozessbegleitern der Lernagentur Compers gesteuert. Die Lernprozessbegleiter organisieren das Lernen anhand des Qualifizierungskonzepts und erweitern das informelle Lernen um formelle Lernprozesse. Dies findet insbesondere über die lernförderliche Gestaltung des Arbeitsplatzes und durch die Einbeziehung organisierten Lernens wie die Durchführung von Reflexionsgesprächen und die Erstellung einer Dokumentation statt. Der Dokumentation liegen Projektaufgaben und Arbeits- und Lernaufgaben zugrunde, die in ihrer Summe für den einzelnen Weiterbildungsteilnehmer wesentliche Teile der für die Prüfung geforderten

Referenzprozesse abdecken. Auch die Erstellung eines individuellen Bildungsplans für den Weiterbildungsteilnehmer trägt dazu bei, dass das informelle Lernen um formelles Lernen erweitert wird. In dem Bildungsplan werden die zu erwerbenden

Qualifikationen fixiert und Auskunft darüber gegeben, wieweit dies im Prozess der Arbeit möglich ist bzw. möglich gemacht werden kann.

Grundsätzlich besteht die Aufgabe eines Lernprozessbegleiters in der IT-Qualifizierung darin, die Weiterbildungsteilnehmer während der gesamten Dauer der Qualifizierung zu betreuen und dabei ihren individuellen Entwicklungs- und Lernprozess zu unterstützen. Diese Unterstützung zielt auf die Entwicklung und Verbesserung der Selbstlernkompetenzen, auf die Reflexion und Einordnung des im Arbeitsprozess Gelernten sowie auf die Beratung hinsichtlich formeller und inhaltlicher Fragen zur Weiterbildung und Zertifizierung.

Außerbetrieblich finden bei der Lernagentur Compers 8-10 Weiterbildungstage mit Kompetenzworkshops und einem zweitägigen Kick-Off-Workshop statt. Der Kick-Off-Workshop stellt das IT-Weiterbildungssystem und dessen angestrebte Umsetzung sowie das arbeitsbezogene Qualifizierungskonzept vor. In Gruppenarbeit werden die wesentlichen Arbeitsprozesse im gewählten IT-Profil behandelt und die betriebliche Arbeitssituation der Teilnehmer erfasst. Die Kompetenzworkshops ermöglichen den Erwerb vor allem solcher Inhalte und Kompetenzen, die zwar im jeweiligen IT-Spezialistenprofil vorgesehen sind, aber weder im Unternehmen der Weiterbildungsteilnehmerinnen und -teilnehmer noch in einem Netzwerkbetrieb erworben werden können. Die Workshops werden von Experten durchgeführt und von den Lernprozessbegleitern mitgestaltet, die auch die außerbetriebliche und betriebliche Qualifizierung zusammenführen.

Die Begleitung und Beratung durch die Lernprozessbegleiter im gesamten Qualifizierungsverlauf hat für die Weiterbildungsteilnehmer eine reflektierende Funktion und soll bewusst Selbststeuerungs- und Erkenntnisprozesse fördern. Auch die Betreuungsgespräche mit fachlichen Ansprechpartnern im Unternehmen erfüllen diese Funktion. Gestaltung und Durchführung dieses Qualifizierungskonzepts wird an erster Stelle vom Lernprozessbegleiter geprägt, der entscheidende Funktionen im Bildungsmanagement wahrnimmt und dabei vorrangig die Rolle der Prozess- und Entwicklungsbegleitung innehat. Die Lernprozessbegleitung findet zum einen in regelmäßigen Abständen im Betrieb, und zwar zumeist am Arbeitsplatz des Teilnehmers statt, zum anderen in außerbetrieblichen Lernorten wie den Kompetenzworkshops, zu denen die Teilnehmer 10 Tage in der rund einjährigen Qualifizierung von der Arbeit freigestellt werden. Die Lernprozessbegleitung nimmt zusätzlich zu den in der Begriffsbestimmung genannten Funktionen auch die Aufgabe der lern- und kompetenzförderlichen Arbeitsgestaltung wahr und bezieht sich dabei auf die im letzten Kapitel erörterten Kriterien. Darüber hinaus wird die Erstellung der individuellen Dokumentation zu einem Arbeitsprojekt angeleitet und begleitet.

5.4.2 Arbeitnehmerorientiertes Coaching – das Beispiel KomNetz

Ziel des von 2001 bis 2007 laufenden und vom BMBF im Rahmen des Programms „Lernkultur Kompetenzentwicklung" geförderten Entwicklungs- und Forschungsprojekts KomNetz ist es, Arbeitnehmerinnen und Arbeitnehmer und ihre Interessenvertretungen darin zu unterstützen, eine lernförderliche Arbeitswelt zu schaffen, in der die Kompetenzentwicklung zu verbesserten beruflichen Entwicklungswegen und mehr Chancengleichheit führt (vgl. Gillen u.a. 2005, insbes. S. 11ff.; www.komnetz.de). In dem von der IG BCE, der IG Metall und Ver.di durchgeführten und von der Helmut-Schmidt-Universität wissenschaftlich begleiteten Projekt wird die Kompetenzentwicklung von Beschäftigten und Interessenvertretungen in vernetzten Strukturen untersucht, gestaltet und ausgebaut. Eine grundlegende These des Projekts ist, dass die zu beobachtende Annäherung von Lernen und Arbeiten eine integrierte Lern- und Arbeitskultur fördert, in der es möglich ist, soziale und persönlichkeitsbildende Entwicklungen zu stärken.

In dem Projekt wurde 2003 systematisch begonnen, ein Konzept zur Begleitung und Beratung beruflicher Entwicklungen von Beschäftigten unter dem Begriff „Arbeitnehmerorientiertes Coaching" in der Praxis zu entwickeln (vgl. Skroblin 2005; Gillen/Linderkamp 2007). Die Bereitschaft zum kontinuierlichen Weiterlernen, zur Übernahme von Eigenverantwortung und zur Selbststeuerung der individuellen beruflichen Entwicklung wurde und wird als eine zentrale Anforderung an die Beschäftigten im derzeitigen gesellschaftlichen und betrieblichen Umbruch angenommen. Dieser Anforderung ist jedoch nur bedingt in tradierten Formen und Strukturen der Weiterbildung nachzukommen oder vom Einzelnen selbstständig einzulösen. Vielmehr gilt es, Unterstützungsleistungen und -strukturen zu entwickeln und – entsprechend den Adressatengruppen des Projekts – im gewerkschaftlichen sowie betriebs- und personalrätlichen Zusammenhang anzubieten.

Das arbeitnehmerorientierte Coaching ist eine in diesem Zusammenhang entwickelte Begleitungs- und Beratungsleistung für Beschäftigte. Die Begleitung und Beratung „muss grundsätzlich von den Bildungs-, Qualifizierungs- und Beschäftigungswünschen des Einzelnen, seinen Neigungen und individuellen persönlichen Merkmalen, Erfahrungen und Kompetenzen ausgehen und eine umfassende Qualifizierung und Bildung im Auge haben" (Herdt 2004, S. 33f.). Das Hauptziel besteht darin, dass jeder Teilnehmer eines Coachings berufliche Entwicklungs- und Veränderungsmöglichkeiten zu seinem eigenen Nutzen erkennt und in individueller und sozialer Verantwortung umsetzt. Das arbeitnehmerorientierte Coaching hat fünf konzeptionelle Merkmale (vgl. Gillen/Linderkamp 2007, S. 236f.):

- **Arbeitnehmerorientierung**
  Die Begleitung und Beratung beruflicher Entwicklungen stellt ein Angebot für Beschäftigte mit Arbeitnehmerstatus und ihre Interessenvertreter, aber auch für Personen in Transfersituationen und für Erwerbslose sowie insbesondere lernungewohnte bzw. „bildungsferne" Personen dar.

- **Subjektorientierung**
  Die Begleitung und Beratung beruflicher Entwicklungen orientiert sich an den Interessen des Individuums.
- **Kompetenzorientierung**
  Eine Begleitung und Beratung, die auf berufliche Entwicklungen ausgerichtet ist, fokussiert nicht nur auf konkrete Weiterbildungsangebote oder -maßnahmen. Sie hat die gesamte Kompetenzentwicklung im Blick und umfasst damit sowohl informelles Lernen als auch formelle Formen des beruflichen Lernens.
- **Reflexivität und reflexive Handlungsfähigkeit**
  Die Begleitung und Beratung beruflicher Entwicklungen ist auf die Förderung der reflexiven Handlungsfähigkeit ausgerichtet und umfasst insgesamt die Förderung beruflicher Handlungskompetenz und lebenslangen Lernens.
- **Integration von Beratung und Begleitung**
  Eine Begleitung und Beratung beruflicher Entwicklungen stellt idealerweise eine konzeptionelle Verbindung von kurzfristiger Beratung und langfristiger Begleitung dar und zeichnet sich durch Kontinuität und Langfristigkeit aus.

Unter diesen Aspekten wurde das arbeitnehmerorientierte Coaching im Projekt KomNetz als spezifische Begleitungs- und Beratungsleistung für Beschäftigte entwickelt, in der eine personenbezogene Begleitung mit einer darauf abgestimmten Beratung verbunden wird. Unter arbeitnehmerorientierter Begleitung bzw. arbeitnehmerorientiertem Coaching ist also eine spezifische Form der personenbezogenen Begleitung zu verstehen, die zur Reflexion und Weiterentwicklung des individuellen und beruflichen Lebensweges eingesetzt wird. Arbeitnehmerorientierte Begleitung zielt auf die kontinuierliche Unterstützung der Kompetenzentwicklung, wobei prozessorientierte, kontinuierliche Begleitung und eine adäquate, punktuelle Beratung ineinander greifen.

Arbeitnehmerorientiertes Coaching spricht als Bildungsbegleitung und -beratung vor allem Weiterbildungsfragen an und soll dazu beitragen, Weiterbildung kollektiv und als „normalen" Prozess im beruflichen Werdegang zu verstehen. Es ist nicht zwingend mit der Lösung einer aktuellen Problemsituation verbunden, sondern wird eher präventiv eingesetzt. So kann dieses Coaching beispielsweise eine systematische Vorbereitung für das Personal- oder Mitarbeitergespräch zwischen Führungskraft und Mitarbeiter sein.

Arbeitnehmerorientiertes Coaching
Unter arbeitnehmerorientiertem Coaching ist eine spezifische Form des Coachings bzw. der Begleitung zu verstehen, die zur Reflexion und Weiterentwicklung der Kompetenzen und des beruflichen Bildungsweges von Einzelpersonen oder auch von Gruppen eingesetzt wird. Sie ist explizit auf Arbeitnehmerinnen und Arbeitnehmer und deren Qualifizierungs- und Berufsbedarfe gerichtet, wird von professionellen Begleitern angeboten und umfasst eine prozessorientierte, kontinuierliche Begleitung mit einer punktuellen Beratung.

Generell wendet sich das arbeitnehmerorientierte Coaching an ein breites Anwendungs- und Adressatenspektrum. Es ist auf breit gefächerte Zielgruppen ausgerichtet wie Beschäftigte, Berufseinsteiger bis hin zu Personen, die aus dem Berufsleben ausscheiden. Die Begleitung „für Erwerbslose und Personen in Beschäftigungsgesellschaften hat andere Schwerpunkte als Coaching für Personen, deren Anpassungs-, Aufstiegs- oder betriebliche Umorientierungsqualifizierung im Vordergrund steht, Coaching für Berufseinsteiger wiederum andere als für diejenigen, die kurz vor dem Ausstieg aus dem Berufsleben stehen" (Skroblin 2005, S. 96). Besonderes Gewicht wird auf die Einbeziehung sogenannter bildungsferner Personen gelegt, da diese am stärksten dabei unterstützt werden müssen, ihre Kompetenzen zu eruieren und gezielt und motiviert an Weiterbildungsmaßnahmen und beruflichen Entwicklungsprozessen teilzunehmen.

Als Teil arbeitsbezogener Weiterbildungskonzepte ist diese Form des Coachings bedeutsam, da sie zur Selbstreflexion der eigenen Kompetenzen und Erfahrungen beiträgt und hierüber das Selbstbewusstsein der Individuen stärkt. Die Reflexion der eigenen Kompetenzen stellt zwar derzeit eine noch weitgehend neue Erfahrung für Beschäftigte dar, sie wird aber meist als Bereicherung beschrieben und führt zu einem neuen Bewusstsein der eigenen informell und formell erworbenen Kompetenzen. Zu diesem Schluss kommt auch Ant (2004, S. 313), der in einer Untersuchung mit Arbeitslosen herausgearbeitet hat, dass die Reflexion und Bewusstwerdung eigener Kompetenzen zur Steigerung des Selbstwertgefühls beiträgt und einen selbstreflexiven und autonomiefördernden Prozess darstellt. Begleitung und Beratung können somit mit der Forderung nach Chancengleichheit für die Teilnahme an Weiterbildung und lebensbegleitendem Lernen verbunden werden und den einschlägigen Selektions- und Ausgrenzungsmechanismen entgegen wirken.

In Unternehmen spielen die Betriebsräte eine wesentliche Rolle bei der Initiierung von Weiterbildung und dazu notwendigen Maßnahmen wie dem arbeitnehmerorientierten Coaching. Mit der jüngsten Reform des Betriebsverfassungsgesetzes wurde die rechtliche Handlungsgrundlage zur Förderung der Weiterbildung geschaffen. So besagt der § 96, dass „der Arbeitgeber ... auf Verlangen des Betriebsrats den Berufsbildungsbedarf zu ermitteln und mit ihm Fragen der Berufsbildung der Arbeitnehmer des Betriebs zu beraten (hat). Hierzu kann der Betriebsrat Vorschläge machen" (Gnade u.a. 2002, S. 445).

Grundlegend für das bisher vor allem mit Einzelpersonen durchgeführte Coaching-Konzept ist die organisierte Kommunikation in Form von Gesprächen zwischen dem Teilnehmer und dem professionellen Begleiter. Die Kommunikation umfasst mindestens vier Gesprächsphasen:

- das Kontaktgespräch als ersten Informationsaustausch,
- das Entwicklungsgespräch zum Kennenlernen und zum Ziele festlegen,
- das Vertiefungsgespräch zur Begleitung und Festigung der Veränderung,
- das Abschlussgespräch als Reflexion und Vergewisserung.

Nach einem kurzen Kontaktgespräch werden in dem verabredeten ein- bis eineinhalbstündigen Entwicklungsgespräch zunächst allgemeine Informationen über die

Bedeutung von Weiterbildung und das lebenslange Lernen für die Berufsbiografie gegeben. In einem modellhaften, dreiphasigen Verlauf des Entwicklungsgesprächs werden dann vom Teilnehmenden berufsbiografische Entwicklungen und Qualifizierungserwartungen dargestellt, danach erfolgt ein systematisches, vertrauensbildendes Nachfragen des Coachs in Dialogform, um dann in der dritten Phase zu Verabredungen und zur Ergebnissicherung zu kommen. Ein Vertiefungsgespräch oder mehrere folgen, um evtl. durchgeführte Kompetenzanalysen zu besprechen und einen individuellen Bildungsplan mit zielgenauen, auch zeitlich und finanziell geplanten Bildungsmaßnahmen festzulegen. Die Rolle des Coachs ist hierbei vorrangig begleitend, für den Teilnehmer erfolgen die Prozesse in starkem Maße selbstgesteuert und selbstreflexiv. Dies verstärkt sich in dem Abschlussgespräch, in dem eine Reflexion des gesamten Coachingprozesses und der erworbenen Kompetenzen und veränderten individuellen Entwicklungsmöglichkeiten stattfindet.

Eckpunkten des Konzepts sind schlagwortartig folgende besonders wichtige Maßnahmen bzw. Inhaltsoptionen zuzuordnen, die mit den skizzierten konzeptionellen Merkmalen korrespondieren:

Individuelle Bildungsbegleitung:	→ Informell erworbene Kompetenzen berücksichtigen
Hilfe zur Selbsthilfe:	→ Zur Selbstbestimmung und Selbststeuerung befähigen
Subjektorientierung:	→ Ganzheitlichen Ansatz und Entwicklungsinterressen verfolgen
Gegenseitiges Verständnis:	→ Begleitung als „Dialog auf gleicher Augenhöhe" verstehen
Prozessorientierung:	→ Einen persönlichen Bildungsplan entwickeln und begleiten
Freiwilligkeitsprinzip:	→ Zur Teilnahme überzeugen, nicht überreden
Datenschutz:	→ Verschwiegenheit garantieren

Im Rahmen des Coaching-Prozesses werden zumeist auch gezielt die Kompetenzen der zu Beratenden erhoben und fixiert, und zwar spätestens parallel zum Entwicklungsgespräch. Dabei sind ebenso wie beim Angebot des Coachings folgende Bedingungen herzustellen:

- alle Mitarbeiter müssen die gleichen Teilnahmechancen haben,
- das Verfahren muss transparent sein,
- es sind fachliche, soziale und personale Kompetenzen zu erfassen,
- die Selbsteinschätzung der Beschäftigten ist zu berücksichtigen, und
- es muss eine Rückmeldung der Ergebnisse erfolgen.

In Anlehnung an den von der Bundesagentur für Arbeit für die Erhebung von Kompetenzen eingebrachten Begriff des „Profiling" wird dieser kompetenzanalytische Teil des Coaching im Projekt auch als „arbeitnehmerorientiertes Profiling" bezeichnet, wobei der Profilingbegriff aufgrund seiner ursprünglichen Verwendung im geheimdienstlichen Bereich umstritten bleibt. In jedem Fall gibt das Profiling den Teilnehmer/innen Hinweise auf vorhandene und defizitäre Kompetenzen und ermöglicht in Verbindung mit der weitergehenden Begleitung und Beratung gezielte Weiterbildungsschritte und berufliche Entwicklungsmöglichkeiten.

Die Gültigkeit, Genauigkeit und Unabhängigkeit von Kompetenzerfassung erhöht sich durch die Kombination verschiedener Erhebungsverfahren und durch die Verknüpfung von Fremdeinschätzung und Selbsteinschätzung. Da sich Mitarbeiter im Rahmen einer Selbsteinschätzung tendenziell oft weniger gut beurteilen als sie von anderen in der Fremdeinschätzung eingestuft werden, sind Verfahren, die beide Perspektiven einbeziehen, zu bevorzugen. Bei dem im nächsten Kapitel dargestellten Kompetenzreflektor (vgl. Proß/Gillen 2005), der auch im Rahmen des arbeitnehmerorientierten Coachings eingesetzt wird, handelt es sich um ein solches Verfahren.

Fragen zum Themenbereich „Begleitung und Beratung in der Arbeitswelt"

- Begleitung und Beratung erfahren in der Berufsbildung und Weiterbildung eine wachsende Bedeutung. Was sind die typischen Merkmale von Begleitung und von Beratung in der Berufs- und Weiterbildung und worin bestehen wesentliche Unterschiede und Gemeinsamkeiten von Begleitungs- und Beratungskonzepten?
- In den letzten Jahren sind eine Reihe von Begleitungs- und Beratungskonzepten in der Berufsbildung und Weiterbildung in der Arbeit entwickelt worden. Wie sieht solch ein Konzept beispielhaft aus und welche Rolle kommt Bildungsdienstleistern bei der betrieblichen Begleitung und Beratung zu?

Literatur zur Vertiefung

Meyer, R. u.a. (Hg.) (2004): Kompetenzen entwickeln und moderne Weiterbildungsstrukturen gestalten. Schwerpunkt: IT-Weiterbildung. Münster u.a.

Rohs, M.; Käpplinger, B. (Hg.) (2004): Lernberatung in der beruflich-betrieblichen Weiterbildung. Konzepte und Praxisbeispiele für die Umsetzung. Münster u.a.

Schiersmann, Ch./ Remmele, H. (2004): Beratungsfelder in der Weiterbildung. Eine empirische Bestandsaufnahme. Baltmannsweiler

Internetadressen:

Projekt KomNetz: http://www.komnetz.de
Projekt ITAQU: http://www.itaqu.de

6 Lernen in der Arbeit als Kern des beruflichen Bildungswegs

Die grundlegende Veränderung der Bedingungen, Zielsetzungen und der Nutzung des Lernens in der Arbeit mit dem Aufkommen der Wissens- und Dienstleistungsgesellschaft wirft die Frage auf, inwieweit dadurch Berufsbildung und Weiterbildung im Ganzen verändert werden. Vor allem stellt sich die Frage, ob der „Sackgassencharakter" der beruflichen Bildung über das Lernen in der Arbeit und dessen Anerkennung und Zertifizierung aufzuheben ist. Nach jahrzehntelangen Debatten über das Verhältnis von beruflicher und allgemeiner Bildung scheint sich deren Gleichwertigkeit zunehmend herzustellen. Ein Gegensatz von zweckbezogenem und personenbezogenem Lernen ist den seit Jahren vorherrschenden Konzepten der Handlungsorientierung und Kompetenzentwicklung kaum mehr zu entnehmen. Auch die oben erwähnte Begriffsentwicklung von der Qualifizierung zu einer die Bildungsdimension einbeziehenden Kompetenzentwicklung deutet auf einen Wandel hin, der die Eigenständigkeit der beruflichen Bildung und ihre Gleichwertigkeit mit der allgemeinen Bildung zum Ausdruck zu bringen scheint.

Inwieweit sich dieser Wandel im Bildungs- und Beschäftigungssystem auch real vollzieht, muss sich in den Bildungsgängen der Sekundarstufe II und verstärkt noch in der Weiterbildung erweisen. Betrachtet man die Entwicklung in der Weiterbildung, dann ergibt sich ein eher skeptisch stimmendes Bild. In dem seit den 1990er Jahren am stärksten expandierenden Bildungsbereich, der betrieblichen Weiterbildung, nimmt die Abstinenz der Beschäftigten in den unteren Hierarchiegruppen zu, trotz der Konzepte zum lebenslangen Lernen und entgegen den bildungspolitischen Forderungen. Damit ist die soziale Selektivität der organisierten, formellen Weiterbildung im Betrieb angesprochen, nicht aber die Wirkung und Nachhaltigkeit des Lernens in der Arbeit, die sich eher in einer informellen Weiterbildung niederschlagen würde und die bereits in der Einleitung und im ersten Kapitel in Verbindung mit den Schlagwörtern von der Konvergenz und Kontingenz ökonomischer und pädagogischer Vernunft angesprochen wurde.

Die Entwicklung der Berufsbildung und die Anerkennung des Lernens in der Arbeit auf Bildungsgänge, die bis zu Abschlüssen im tertiären Bereich führen, wird zukünftig wesentlich von Rahmenbedingungen beeinflusst, die durch die europäische Bildungspolitik gesetzt werden. Wie die von der Bundesregierung forcierte Einführung von Bachelor- und Masterstudiengängen zeigt, entfalten die EU-Beschlüsse von Bologna, Lissabon und Kopenhagen eine normierende Wirkung auf das nationale Bildungssystem wie es bisher kaum für möglich gehalten wurde. Das Europäische Kreditpunktesystem für die berufliche Bildung und der Europäische Qualifikationsrahmen schaffen offensichtlich Bedingungen und Strukturen, die weit über die vielfach vertretene Ansicht hinausgehen, nur einen Übersetzungs- und Anerkennungsrahmen für unterschiedliche Bildungssysteme und unterschiedliche Standards bereitzustellen. Die verstärkten Chancen für die Anerkennung und Zertifizierung des Lernens in der Arbeit könnte dabei allerdings mit der Ende des Abschnitts 1.2 angesprochenen Infragestellung des Berufsprinzips einhergehen.

Um die Auswirkungen des Lernens in der Arbeit auf die Berufsbildung und die Weiterbildung deutlich zu machen, wird im Folgenden auf die Analyse und Bewertung arbeitsbezogener Kompetenzen eingegangen (6.1), wobei beispielhaft das Verfahren des Kompetenzreflektors skizziert wird. Es schließen sich Ausführungen zum Beruflichen Bildungsweg als einem ganzheitlichen Bildungssystem an, dass in der beruflichen Bildung bereits seit Jahrzehnten gefordert wird und das das Lernen in und über Arbeit in den Mittelpunkt stellt (6.2). Danach wird das bereits im letzten Kapitel angesprochene neue IT-Weiterbildungssystem dargestellt (6.3), das mit dem Beruflichen Bildungsweg in hohem Maße übereinstimmt und die Gleichwertigkeit beruflicher und allgemeiner Bildung zu realisieren scheint.

6.1 Analyse und Bewertung arbeitsbezogener Kompetenzen

Die Identifizierung, Erfassung, Analyse und Bewertung von Kompetenzen in Betrieb und Gesellschaft gewinnt wachsende Bedeutung und wird zukünftig im Bildungs- und Berufsbildungssystem in hohem Maße auf Bildungsstandards und auf berufliche Entwicklungswege bezogen sein. Dabei ist die Bilanzierung und Bewertung von Qualifikationen und Kompetenzen in der Berufsbildung und Weiterbildung nichts Neues. Jede Leistungsbeurteilung, jede Prüfung und jedes Personalbeurteilungsgespräch nimmt eine Bewertung vor. Neu ist, dass die heutigen Berufsbiografien nicht mehr linear verlaufen, dass formale Zeugnisse immer weniger Auskunft über die Fähigkeiten und Kenntnisse einer Person geben, dass anstelle von personenungebundenen Qualifikationen personengebundene Kompetenzen einschließlich der jeweiligen Personal- und Humankompetenzen bewertet werden sollen.

Zudem rückt – einhergehend mit dem lebensbegleitenden Lernen – immer stärker in den Blick, dass Beschäftigte während ihrer Arbeitstätigkeit zusätzliche Kompetenzen erwerben, die sowohl für ihre Employability als auch für das jeweilige Unternehmen von Bedeutung sind und mit herkömmlichen Methoden nicht erfasst werden. Um Kompetenzen erfassen und bewerten zu können sind – international und national – Systeme und Verfahren zur Kompetenzerfassung und Kompetenzbilanzierung entwickelt worden, u.a. das „Schweizerische Qualifikationsbuch", die „Job-Aktiv-Mappe der Bundesanstalt für Arbeit", der „Job-Navigator der IG-Metall" sowie die seit den 1980er Jahren bestehenden Systeme der National Vocational Qualification (NVQ) in England sowie der „Bilans de Compétences" in Frankreich (vgl. Ant 2004, S. 171ff.; Gillen 2005; Gillen 2006, S. 107ff.) In dem von Erpenbeck/Rosenstiel (2003) herausgegebenen Handbuch sind eine Vielzahl aktueller Kompetenzmessverfahren und -instrumente einschließlich einiger ausländischer Ansätze dargestellt, die ein breites Spektrum von Zielorientierungen, Einsatzmöglichkeiten und Kompetenzdefinitionen wiedergeben.

Die Analyse von Kompetenzen setzt deren Identifizierung und Erfassung voraus. Die Einschätzung und Beurteilung von Kompetenzen, ihre Bewertung, lässt sich sowohl als vermeintlich objektives Messverfahren wie auch als subjektives Kompetenzverstehen gestalten. Diese Begriffsbestimmungen korrespondieren mit denen der vom BMBF initiierten Machbarkeitsstudie „Weiterbildungspass mit Zertifizierung informellen Lernens". Erfassung bedeutet hier das Identifizieren und Dokumentieren von Kompetenzen aus zurückliegenden und aktuellen Kompetenzentwicklungsprozessen. Bewertung dagegen ist die anschließende „Beurteilung der Ausprägung ... in Form von Selbst- und/oder Fremdeinschätzung" (BMBF 2004, S. 70).

Kompetenzanalyse
Der Begriff bezeichnet Verfahren und Instrumente, die Kompetenzen identifizieren, erfassen, analysieren und bewerten, wie z.B. Kompetenzbilanz, Kompetenzbeurteilung, Kompetenzmessung, Kompetenzbewertung und Kompetenzzertifizierung. Kompetenzanalysen kommen sowohl in der Arbeits- als auch in der Lebenswelt, sowohl in der allgemeinen als auch in der beruflichen Bildung zum Einsatz. Prinzipiell ermöglichen sie eine Dokumentation, einen Vergleich und eine wechselseitige Anerkennung von Kompetenzen, die in unterschiedlichen Lebens- und Arbeitsbereichen erworben werden. Der Analyse und Anerkennung informell erworbener Kompetenzen kommt dabei eine besondere Bedeutung zu.

Aus Sicht des Individuums soll durch die Analyse und Messung von Kompetenzen eine entwicklungs- und subjektbezogene Bewertung erfolgen und mit Bildungsmaßnahmen oder einer Bildungsplanung verbunden werden. In der Arbeitswelt bieten tariflich abgeschlossene Qualifizierungsverträge hierfür einen Erfolg versprechenden Ansatz. Arbeitnehmer und Arbeitnehmerinnen erwerben in der Arbeits- und in der Lebenswelt erhebliche Kompetenzen, die im Rahmen lebensbegleitenden Lernens für ihre Employability und ihren beruflichen Bildungsweg von grundsätzlicher Bedeutung sind und herkömmlich nur partiell oder gar nicht erfasst werden. Dem informellen Lernen im Prozess der Arbeit kommt dabei eine wichtige Rolle zu. In der Erwachsenenbildung wird diesem Lernen mit den Konzepten des Erfahrungslernens und des exemplarischen Lernens bereits seit langem Rechnung getragen (vgl. Holzapfel 2006; Negt 1975).

Im Gegensatz hierzu stehen Ansätze, die rein anforderungsorientiert ausgerichtet sind und die Kompetenzbewertung einseitig unter utilitaristischen und betriebswirtschaftlichen Gesichtspunkten vornehmen. Sie stehen in einer gewissen Parallelität zu dem in der Europäischen Union vorgeschlagenen Europäischen Qualifikationsrahmen (EQR), in dem einseitig der Anforderungs- oder Outputseite unter Vernachlässigung der zu konstituierenden Bildungsinhalte und Bildungsprozesse nachgekommen werden soll.

Eine anerkannte und ausgewiesene Systematisierung der bislang entwickelten und eingesetzten Kompetenzanalysen liegt bisher nicht vor. Aus personenbezogener und pädagogischer Sicht sind Analyse- und Bewertungsverfahren unter den polaren Kriterien der Anforderungs- und Entwicklungsorientierung zu systematisieren (vgl. Faulstich 1996, S. 369; Gillen 2005, S. 46ff.). Diese Einordnung dient gleichermaßen der Analyse sowie der Konstruktion von Kompetenzanalyseverfahren und unterscheidet Verfahren, bei denen das Individuum und seine Persönlichkeitsentwicklung im Vordergrund stehen von solchen, die Kompetenzen aus der Anforderungsperspektive analysieren. Diese Systematisierung im Spannungsfeld zwischen ökonomisch determinierter Arbeit und davon abgeleiteten Qualifikationen einerseits und subjektbezogener Kompetenzentwicklung andererseits bildet die Grundlage für die Bewertung von Kompetenzanalysen im Spektrum unterschiedlicher Interessen.

Als entwicklungsorientiert werden Kompetenzanalysen bezeichnet, die von der aktuellen Standortbestimmung des Individuums ausgehend Entwicklungsfelder identifizieren und Entwicklungsprozesse begleiten. Beispiele für derartige Verfahren sind z.B. der „Job-Navigator" der IG Metall und das Verfahren der „Kompetenzbilanz" des Deutschen Jugendinstituts. Im Unterschied hierzu werden anforderungsorientierte Kompetenzanalysen vor allem in und für betriebliche Kontexte entwickelt und zielen auf die Beurteilung oder Messung der Kompetenzen im Hinblick auf erwartete Anforderungen, wobei sie sich in vielen Fällen an der psychologischen Eignungsdiagnostik und Statistik orientieren (vgl. Gillen 2006, S. 112ff.). Die Merkmale beider Typen von Kompetenzanalyseverfahren werden im Folgenden idealtypisch gegenübergestellt:

	Arbeit	Individuum
	Anforderungsorientierte Verfahren	**Entwicklungsorientierte Verfahren**
Zentrale Zielsetzung	Verbesserung des Arbeitsprozesses durch Arbeitsplatzanalyse und Einschätzung der Kompetenzen des Individuums	Reflexion und Einschätzung der Fähigkeiten und Kompetenzen des Individuums
Methode des Verfahrens	‚Objektive' Kompetenzmessung und -beobachtung, Fremdeinschätzung	Subjektiv orientierende Kompetenzeinschätzung, Selbsteinschätzung und Dialog
Ergebnis des Verfahrens	Beschreibung und Einordnung der Kompetenzen, die zur Erfüllung von Arbeitsaufgaben notwendig sind bzw. Beurteilung und Einordnung an festgelegten Standards	Einschätzung der individuellen Kompetenzbestände im Hinblick auf Weiterentwicklung und Weiterbildung

Abbildung 6.1:
Kompetenzanalysen zwischen Arbeit und Individuum

Für entwicklungsorientierte Kompetenzanalysen sind vor allem die folgenden Merkmale wichtig, die sie auch gegenüber solchen Formen der Kompetenzanalyse abgrenzen, die ausschließlich das Ziel der Messung oder Erfassung von Kompetenzen verfolgen:

1. Kompetenzreflexion: Die Reflexion von Kompetenzen durch das Individuum selbst hat einen zentralen Stellenwert und wird methodisch unterstützt.

2. Kontinuität: Die punktuell stattfindende Kompetenzanalyse dient einer kontinuierlichen Kompetenzentwicklung und muss deswegen regelmäßig wiederholt werden.

3. Begleitete Selbststeuerung: Die Kompetenzanalyse wird in Verbindung mit einer personellen Begleitung eingesetzt, die den Bedürfnissen der Nutzer angepasst ist.

4. Lernförderliche Rahmenbedingungen: Das Gesamtverfahren der Kompetenzanalyse sowie alle einzelnen Phasen werden unter lernförderlichen Bedingungen durchgeführt.

5. Differenzierung und Kombination von Selbst- und Fremdeinschätzung: Zur Erhebung und Analyse der Kompetenzen werden teilnehmerorientiert unterschiedliche Methoden eingesetzt sowie Selbst- und Fremdeinschätzungen miteinander kombiniert.

Neben diesen Merkmalen ist die Frage des Einsatzes und der sozialen Verwendung der Kompetenzanalysen entscheidend. Es ist ein grundlegender Unterschied, ob die Kompetenzen der individuellen Selbsteinschätzung in weiterbildungsorientierter Absicht dienen, der betrieblichen Personalentwicklung mit dem Ziel der Befriedigung der über Bildungsbedarfsanalysen erhobenen zukünftigen Kompetenzanforderungen oder der Aufgabenbewertungen und Prüfungen im Rahmen von Bildungsstandards. Während die Selbsteinschätzung nicht an betrieblich oder öffentlich festgelegten Zielen und Standards ausgerichtet ist, stellt sich vor allem bei Aufgabenbewertungen und Prüfungen im Rahmen von Bildungsstandards die Frage, ob die Standards als Mindest-, Mittel- bzw. Regelstandards oder Höchststandards des Leistungsniveaus zu formulieren sind. Die KMK hat für die allgemein bildenden Standards auf den Durchschnitt ausgerichtete Regelstandards vorgegeben, wodurch die Gefahr besteht, dass die so genannten Bildungsfernen und Geringqualifizierten dem normativen Blick entzogen werden.

Ein Beispiel für die Analyse und Bewertung von Kompetenzen in entwicklungsorientierter Perspektive ist der im Projekt KomNetz entwickelte Kompetenzreflektor (vgl. Proß/Gillen 2005; Gillen/Linderkamp 2007, S. 239ff.), der ein zentrales Verfahren in dem unter Abschnitt 5.4.2 dargestellten Konzept des arbeitnehmerorientierten Coachings darstellt. Er ist ein Analyseverfahren, das Kompetenzentwicklung und reflexive Handlungsfähigkeit in dem im Kapitel 2 dargelegten Verständnis erfassen will. Er ist ein Verfahren zur Reflexion und Analyse von persönlichen Kompetenzen und wurde für Arbeitnehmer sowie Betriebs- und Personalräte entwickelt, um ihnen die Möglichkeit zu geben,

▪ den individuellen Reflexionsprozess zu fördern,

▪ die eigenen Kompetenzen bewusst zu machen und damit das Selbstbewusstsein für die Steuerung des Kompetenzerwerbs zu erhöhen,

▪ die persönlichen Chancen am Arbeitsmarkt zu erhöhen,

▪ eine berufliche Neu- oder Umorientierung gezielt zu gestalten und

▪ die Gestaltung des eigenen Arbeitsplatzes und Tätigkeitsbereichs aktiv mitzubestimmen.

Der Kompetenzreflektor ist als offenes Verfahren konzipiert, das dem jeweiligen Verwendungszweck angepasst werden kann. Es orientiert sich an den folgenden fünf Schritten, die den Weg der Analyse, Reflexion und Bewertung begleiten:

Schritt	Zentrale Frage
1 Erinnern	Welchen Werdegang habe ich?
2 Sammeln	Welche Abschlüsse, Fähigkeiten und Kompetenzen habe ich erworben?
3 Analysieren	Was ist mir wichtig und was will ich weiterentwickeln?
4 Ziele formulieren	Wo kann es hingehen?
5 Konsequenzen ziehen	Welche Maßnahmen und Aktivitäten sind sinnvoll und was sind die nächsten Schritte?

Abbildung 6.2:
Die fünf Schritte des Kompetenzreflektors

Im ersten Schritt des **Erinnerns** werden rückblickend alle Stationen des persönlichen und beruflichen Werdegangs betrachtet, die zum Aufbau des eigenen Kompetenzprofils beigetragen haben. Ausgehend von der aktuellen beruflichen oder privaten Situation werden die Stationen der beruflichen Entwicklung bewusst gemacht und dieser Prozess durch Fragen unterstützt wie z.B.: Wann war die Berufsabschlussprüfung? In welchem Jahr wurde die neue Stelle angetreten oder im Unternehmen die Abteilung gewechselt?

Beim zweiten Schritt des **Sammelns** geht es darum, die einzelnen Berufsstationen darauf hin zu prüfen, welche Kompetenzen dort jeweils erworben wurden. Dazu gehören besondere Wissensbereiche, Fertigkeiten, Fähigkeiten, Tätigkeitsbeschreibungen. So wird z.B. gefragt: Gab es ein Erlebnis, das mich mit Stolz erfüllt hat oder einen Konflikt, der zufrieden stellend gelöst wurde? Bedeutsam ist dabei, dass möglichst viele berufsbiographische Aspekte sichtbar werden, von besonderen, weit entwickelten Kompetenzen bis zu entwicklungsbedürftigen Kompetenzen, von speziellen Fähigkeiten bis zu beruflichen Rückschlägen und Defiziten.

Wenn alles bewusst und sichtbar ist, folgt der Schritt des **Analysierens**. Hier gilt es, das eigene Profil, das sich in der Vergangenheit entwickelt bzw. ergeben hat, an zukünftige Entwicklungen auszurichten und das typische der eigenen Person herauszuarbeiten. Die geschieht anhand der Frage, welche der Kompetenzen und Fähigkeiten weiterentwickelt werden sollen. Auf der Grundlage dieser Analyse kann dann entschieden werden, wo vordringliche Entwicklungsschwerpunkte gesetzt werden müssen.

Wenn klar ist, auf welche Kompetenzen das Individuum verlässlich aufbauen kann, sind **Ziele zu formulieren**. Die weitere Kompetenzentwicklung wird damit geplant und eingeleitet. Die Ziele müssen gleichermaßen motivierend wie erreichbar sein. Sie bilden die Orientierung für die berufliche Entwicklung. Diese Phase steht in enger Verbindung zu dem vorherigen Analysieren und macht die Übergänge fließend.

In einer abschließenden Phase können konkrete **Konsequenzen gezogen** und weitere Schritte für die Zukunft geplant werden. Dies kann die Teilnahme an bestimmten Weiterbildungsmaßnahmen bedeuten oder auch die Vorbereitung veränderter oder erweiterter Arbeitsaufgaben und Berufspositionen. Hierfür ist ggf. eine Personalentwicklungsplanung sinnvoll, die zwischen dem Mitarbeiter und dem Unternehmen vereinbart wird. In jedem Fall geht es darum, konkrete Lern- und Entwicklungsschritte zu fixieren, die den Beschäftigten dabei unterstützen, die eigenen Kompetenzen weiterzuentwickeln.

Der Kompetenzreflektor lässt sich genauer methodisch einordnen und auch von anderen Verfahren abgrenzen. Zunächst handelt es sich um ein formatives Verfahren der Kompetenzanalyse. Verfahren mit formativer Funktion dienen Björnavold (2001, S. 15ff.) der Unterstützung von Lern- und Entwicklungsprozessen, indem sie Lernenden eine Rückmeldung über ihren Leistungsstand und ihr Entwicklungspotenzial geben und sind von summativen Verfahren abzugrenzen. Formative Verfahren sind darauf ausgerichtet, laufende Lern- und Entwicklungsprozesse zu hinterfragen und evtl. neu auszurichten. Formativ konzipierte Verfahren nutzen die Feststellung des Kompetenzbestandes als Datenbasis, um Schlussfolgerungen für weitere Entwicklungsschritte zu ziehen und sind in ihrer Vorgehensweise auf den Entwicklungsprozess vor und nach der Kompetenzerhebung bezogen.

Eine zweite Zuordnung ist im Rahmen der Abgrenzung zwischen subjektiven und objektiven Verfahren der Kompetenzanalyse vorzunehmen. Diese geht auf eine Unterscheidung von Verfahren der Kompetenzanalyse zurück, die u.a. Erpenbeck und Rosenstiel (2003, S. XIXf.) verwenden. Als *objektiv* werden dort Verfahren bezeichnet, die davon ausgehen, „Kompetenzen wie naturwissenschaftliche Größen definieren und messen zu können" (ebd., S. XIX). Demgegenüber gehen subjektive Verfahren davon aus, dass Kompetenzen nicht objektiv erfassbar sind und streben eher eine Einschätzung bzw. Beschreibung als eine objektive Messung an. Zugrunde liegt hier die Überzeugung, „dass eine solche Objektivität für human- und sozialwissenschaftliche Variablen prinzipiell nicht zu erreichen sei" (ebd.). Der Kompetenzreflektor ist in dieser Logik als ein subjektorientiertes Verfahren anzusehen, das die Innenperspektive bzw. die subjektive Sichtweise des Beobachters und des Beobachteten betont und auf die Beschreibung und Einschätzung von Kompetenzen abzielt. Im Kompetenzreflektor wird mit qualitativen Methoden wie z.B. Interviews und Selbsteinschätzungen gearbeitet. Durch Dialoge bzw. Gespräche im Sinne einer kommunikativen Validierung wird versucht, zu gemeinsamen und beiderseitig anerkannten Ergebnissen bzw. Konsequenzen zu gelangen.

Der Kompetenzreflektor und das hier skizzierte Ablaufschema der Analyse und Bewertung können in unterschiedlichen Zusammenhängen und mit unterschiedlichen Adressatengruppen realisiert werden (vgl. Proß/Gillen 2005; Proß 2005). Entscheidend ist, dass es sich um die Analyse von arbeitsbezogenen Kompetenzen handelt, die der individuellen Entwicklung dienen und in berufliche Entwicklungs- und Aufstiegswege einzuordnen sind. Wie das Konzept des arbeitnehmerorientierten Coachings zeigt, wird der Kompetenzreflektor über seine Funktion als

Analyseinstrument hinaus systematisch in Kompetenzentwicklungs- und Reflexionsprozessen eingesetzt.

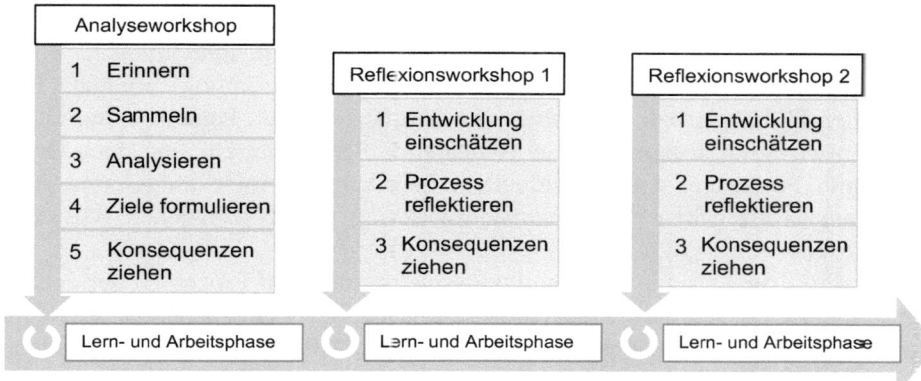

Abbildung 6.3:
Der Kompetenzreflektor: Vom Analyseinstrument zum Begleitungsverfahren

Der weiterentwickelte Kompetenzreflektor als Begleitungsverfahren wird in der ersten Phase wie oben beschrieben mit den angegebenen fünf Schritten eingesetzt, in dem das jeweilige Kompetenzprofil eingeschätzt und ein Entwicklungsplan erarbeitet wird. Nach einer anschließenden Lern- und Arbeitsphase, in der sowohl Lernen in der Arbeit stattfindet, als auch formelle Bildungsschritte erfolgen können, wird der Kompetenzreflektor nach zwei bis drei Monaten in einer verkürzten Form erneut eingesetzt. Dieser Einsatz dient der Reflexion der Kompetenzentwicklungsprozesse und der Feststellung des neuen und erweiterten Kompetenzbestands seit dem Analyseworkshop. Diese Reflexionsworkshops werden dann in regelmäßigen Abständen immer wieder eingesetzt, um die kontinuierliche Entwicklung der Beschäftigten begleitend bewusst und transparent zu machen und in berufliche Entwicklungs- und Aufstiegswege zu integrieren.

6.2 Entwicklungs- und Aufstiegswege als beruflicher Bildungsweg

Die Analyse, Anerkennung und Bewertung arbeitsbezogener Kompetenzen ist eine entscheidende Voraussetzung für anerkannte Entwicklungs- und Aufstiegswege in und über das Lernen in der Arbeit. Herkömmliche betriebliche Berufs- und Aufstiegsperspektiven werden in neu gestalteten Arbeitsprozessen in starkem Maße abgebaut oder gar abgeschafft. Die Verflachung betrieblicher Hierarchien setzt die berechtigten Erwartungen und Perspektiven, durch einschlägige Aufstiegswege einen hohen betrieblichen und zumeist auch gesellschaftlichen Status zu erlangen, immer stärker außer Kraft. Enthierarchisierte und dezentralisierte Betriebsstrukturen erweisen sich für berufliche Entwicklungswege in vielen modernen Unternehmen zunehmend als schwer lösbares Problem. Eine Antwort darauf bieten berufliche Entwicklungs- und Aufstiegswege, die sowohl dem Beschäftigungs- als auch dem Bildungssystem zuzuordnen sind und der betrieblichen Bildungsarbeit eine Scharnierfunktion zwischen beiden zuweisen.

Im Beschäftigungssystem werden vermehrt Wege notwendig, die Arbeiten und Lernen in der im 3. Kapitel dargestellten Weise verbinden und berufliche Entwicklungsmöglichkeiten mit persönlichen Interessen und individuellen Kompetenz- und Erfahrungsprofilen verstärkt in Übereinstimmung bringen. Der betrieblichen Bildungsarbeit als Einheit von Berufspädagogik, Personal- und Organisationsentwicklung kommt dabei entscheidende Bedeutung zu, sind doch Organisation und Förderung von individuellen, beruflichen Entwicklungs- und Aufstiegswegen als Aufgaben der Personalentwicklung und betrieblichen Bildungsarbeit anzusehen.

Ein produktiver Umgang mit Handlungsspielräumen und Prozessen der Selbststeuerung in der eigenen Arbeitssituation trägt ebenso wie eine generelle lern- und kompetenzförderliche Arbeitsgestaltung dazu bei, dass individuelle Erfahrungen und Interessen in die Gestaltung der Arbeit aufgenommen werden und damit auch eigene Entwicklungs- und Karriereplanungen einbezogen sind. Damit wächst zugleich die Chance, dass das betriebliche Lernen nicht vorrangig als Zwang erfahren und auf Flexibilitäts- und Mobilitätsansprüche von außen reduziert, sondern in berufliche Entwicklungs- und Aufstiegswege integriert wird.

Berufliche Entwicklungs- und Aufstiegswege
Unter beruflichen Entwicklungs- und Aufstiegswegen sind zwei Richtungen der beruflichen Entwicklung von Beschäftigten zu verstehen: Vertikal geht es um den beruflichen Aufstieg in der Betriebshierarchie, der zumeist mit erweiterter Aufgaben-, Personal- und Budget-Verantwortung verbunden ist. Horizontal und diagonal geht es um Entwicklungen auf der gleichen betrieblichen Hierarchieebene, zumeist verbunden mit erweiterten, zumindest aber veränderten Kompetenzen und Verantwortlichkeiten.

Häufig anzutreffende Beispiele für die horizontalen und diagonalen Entwicklungswege sind innerbetriebliche Rotationsmodelle und die Funktion eines Gruppensprechers. Sowohl die vertikalen als auch die horizontalen und diagonalen Entwicklungswege können mit einer zertifizierten, ggf. auch bundesweit anerkannten Fortbildung verbunden sein. In jedem Fall sind sie in Zukunft über die Anerkennung und Zertifizierung der mit ihnen verbundenen Kompetenzentwicklung mit dem Bildungssystem zu verbinden (vgl. Faulstich/Vespermann 2001).

Im Berufsbildungssystem sind berufliche Entwicklungs- und Aufstiegswege Teil eines pluralen Systems beruflicher Bildungsgänge von der dualen Ausbildung bis zu Abschlüssen im tertiären Bereich. In Form von horizontalen und diagonalen Entwicklungswegen im Betrieb, doppelt qualifizierenden Bildungsgängen und unterschiedlichen Varianten dualer Studiengänge gewinnt ein solches System beruflicher Bildungsgänge in den letzten Jahren zunehmend an Konturen. Dessen Ausbau bietet real die Möglichkeit einer gleichwertigen Alternative zum gymnasial-akademischen Bildungsweg. Es entspricht dem seit den 1990er Jahren geforderten eigenständigen und gleichwertigen Berufsbildungssystem und steht in der Tradition des schon von Kerschensteiner geforderten Beruflichen Bildungswegs.

> **Beruflicher Bildungsweg**
> Der Begriff kennzeichnet einen zum gymnasial-akademischen Bildungsgang gleichwertigen Bildungsweg. Dieser setzt zu Beginn der Sekundarstufe II ein und umfasst eine berufliche Ausbildung, eine in der beruflichen Bildung erworbene Hochschulzugangsberechtigung sowie eine anschließende berufliche Weiterbildung, die Abschlüsse im tertiären Bereich eröffnet. In der Sekundarstufe I wird die Entscheidung für diesen Bildungsweg vorbereitet und getroffen.

Das Modell des Beruflichen Bildungswegs als Alternative zum gymnasial-akademischen Bildungsweg grenzt sich vom so genannten zweiten Bildungsweg ab, auch wenn er z.T. in Anlehnung an diesen konzipiert wurde. Der entscheidende Unterschied besteht darin, dass der „zweite" Bildungsweg durch das Nachholen des „ersten", d.h. durch die Aneignung wesentlicher für die Erlangung der Allgemeinen Hochschulreife vorgegebener gymnasialer Lerninhalte nach oder neben einer Berufsausübung charakterisiert ist, im Beruflichen Bildungsweg hingegen berufliche Inhalte Grundlage und Medium der Bildung sind und beruflich erworbene Kompetenzen anerkannt werden.

In der Berufsbildung wird der Berufliche Bildungsweg seit den 1920er Jahren postuliert und ist immer wieder modellhaft entwickelt worden. Schanz führt aus, dass „der berufliche Bildungsweg didaktisch, anders als der gymnasiale Bildungsweg, an beruflichen Kenntnissen und Fertigkeiten, Berufskönnen und Berufserfahrung orientiert (ist). Vom Beruflichen aus sollen Zugänge zur allgemeinen Bildung eröffnet werden" (1982, S. 206). Münch betont, dass es den „Verfechtern des beruflichen Bildungsweges" darauf ankommt, diesen „als einen zwar anderen (gegenüber dem gymnasialen Bildungsweg), aber prinzipiell gleichwertigen Bildungsweg auszubauen und im öffentlichen Bewußtsein zu verankern" (1970, S. 297). Dies wird von Wiemann verstärkt, indem er betont, dass mit dem Beruflichen Bildungsweg „in ausdrücklicher Konkurrenz zum ersten, gymnasial-akademischen Bildungsweg ein gleichwertiger Bildungsgang entstehen" soll (1985, S. 708).

Die Idee des Beruflichen Bildungswegs wurde zunächst von Georg Kerschensteiner und nach dem 2. Weltkrieg vor allem von Heinrich Abel vertreten. Kerschensteiner spricht von den „beiden Hauptzügen des Bildungssystems", worunter er „ein in den Elementarschulen schon beginnendes, bis zu einer Hochschule aufsteigendes Schulsystem der Werktätigen" und ein „Schulsystem der Kontemplation" versteht (1933, S. 237f.). Ersteres wird auch als „das Schulwesen der nach außen gerichteten Aktivität", Letzteres als „das Schulsystem der nach innen gerichteten Aktivität" bezeichnet, wobei Kerschensteiner es als „grundfalsch" bezeichnet, dieses Schulsystem als das geeignetere für die Vorbereitung auf spätere Leitungs- und Führungsposition anzusehen (ebd., S. 238).

Heinrich Abel sah im „Durchstoß zur Hochschulreife" den Kern des beruflichen Entwicklungswegs, worunter genauer folgendes Vier-Stufen-Konzept verstanden wurde (1968, S. 118):

- die Grundstufe mit der Vorbereitung auf die Ausbildung,
- die Mittelstufe bis zur Fachschulreife,
- die berufliche Weiterbildung mit Techniker- und Fachschulen sowie
- die Oberstufe, die über Ingenieurschulen und andere Einrichtungen bis zu wissenschaftlichen Hochschulen führt.

Dieser Weg sollte für Absolventen von Hauptschulen, aber auch von Realschulen und der Mittelstufe der Gymnasien offen stehen. Er wurde als eine zu entwickelnde Alternative zum gymnasial-akademischen Bildungsweg verstanden. Im Rahmen der Arbeiten des Deutschen Ausschusses für das Erziehungs- und Bildungswesen (1966) wurde die Konzeption weiterentwickelt. Im „Gutachten über das berufliche Ausbildungs- und Schulwesen" des Ausschusses heißt es: „Der berufliche Bildungsweg führt Jugendliche von der Hauptschule – auch von der Realschule und von der Mittelstufe der Gymnasien – durch das berufliche Ausbildungs- und Schulwesen zur Berufsreife. Von der Fachschulreife aus, die der anspruchsvollste Abschluss der Mittelstufe im beruflichen Bildungsweg ist, öffnen sich für Begabte, die den Willen dazu haben, in der Oberstufe zwei Wege, die weiter ausgebaut werden: Der eine führt über Ingenieurschulen und Höhere Fachschulen zu einer gehobenen Berufsausbildung mit der Möglichkeit auch des Überganges in Hochschulen, der andere über mehrjährige Kollegs oder Institute zur Erlangung der Hochschulreife" (S. 493).

Bildungstheoretisch lag diesem Verständnis des beruflichen Bildungswegs ein verändertes Arbeits- und Berufsverständnis zugrunde, das die Position der klassischen Berufsbildungstheorie von Kerschensteiner u.a. nicht mehr teilte. Von der hergebrachten bildungstheoretischen Überschätzung des Berufsgedankens und seiner Ideologisierung wurde damit abgerückt. Stattdessen orientierte sich der berufliche Bildungsweg didaktisch an beruflichen Qualifikationen, Berufserfahrungen und Berufswissen. Der Berufsbezug wurde von vornherein als Ausgangspunkt für weiterführende Bildungsinhalte aufgefasst.

Erstaunlich ist, dass dieses Modell in seinen wesentlichen Grundzügen bereits in den 1960er Jahren so vertreten wurde wie es heute in ähnlicher Weise postuliert und zunehmend realisiert wird. Strukturell wurde der Berufliche Bildungsweg mit der weiteren institutionellen Differenzierung der beruflichen Bildung in dieser Zeit, so vor allem der Umwandlung der höheren Fachschulen in Fachhochschulen, der Einrichtung der Fachoberschule und anderer höherer berufsbildender Schulen auf Länderebene, nicht eingelöst. Mit diesen Schulen konnte – so sie nicht per se gymnasial ausgerichtet wurden – eine gewisse Verbesserung der Durchlässigkeit in der beruflichen Bildung hergestellt werden, nicht aber ein durchgehender beruflicher Bildungsgang von der Sekundarstufe 1 bis in den tertiären Bereich.

In der Bildungs- und Berufsbildungsreform um 1970 spielte das Modell des beruflichen Bildungsweges keine nennenswerte Rolle mehr. Berufliche Bildungsgänge sollten durch die Integration mit allgemeinen bzw. gymnasialen Bildungsgängen weiterentwickelt werden. Die geforderte Gleichwertigkeit von allgemeiner und beruflicher Bildung wurde programmatisch durch das „Konzept für eine Verbindung von allgemeinem und beruflichem Lernen" des Deutschen Bildungsrats

(1974) entwickelt. Die bildungspolitisch und bildungstheoretisch begründete Gleichwertigkeit zwischen den Bildungsgängen sollte hergestellt, neue Bildungsgänge konzipiert, bisherige gymnasiale und berufliche Bildungsgänge verbunden sowie Prüfungsleistungen polyvalent anerkannt werden. Zur Entwicklung, Erprobung und Durchsetzung dieser Ziele wurden im Zeitraum von 1971 bis 1985 über 40 Modellversuche gefördert.

Diese modellhaft erprobten Reformen wurden mit dem Ende des Reformprogramms nicht auf das Regelsystem der Berufsbildung übertragen. Die Verknüpfung dualer Ausbildungsgänge mit studienqualifizierenden Bildungsgängen und damit der Anschluss an Berechtigungen und Abschlüsse des gymnasial-akademischen Bildungsweges erfolgten nicht, womit der Sackgassencharakter des dualen Systems im Prinzip bestehen blieb, wenn auch weiterführende Wege durch die Expansion höherer beruflicher Schulen erleichtert wurden.

Während in den 1980er Jahren die Reformmodelle der 1970er Jahre immer stärker aus dem Blickfeld gerieten, rückten seit Beginn der 1990er Jahre der Berufliche Bildungsweg bzw. vergleichbare berufliche Entwicklungs- und Bildungswege erneut in den Fokus bildungspolitischer Prioritäten. So wurde vom Bundesministerium für Bildung und Wissenschaft gefordert, dem „allgemeinbildenden Bildungsweg einen gleichwertigen berufsbildenden Weg mit Optionen bis zur Hochschulreife zur Seite" zu stellen (BMBW 1993, S. 6). Spitzenverbände der Wirtschaft schlugen vor, den Hochschulzugang über eine qualifizierte Berufsausbildung zu ermöglichen (vgl. Bundesverband der Deutschen Industrie u a. 1992). Von leitenden Mitgliedern des Bundesinstituts für Berufsbildung wurde für ein „eigenständiges und gleichwertiges Berufsbildungssystem" plädiert, indem vorrangig über die berufliche Weiterbildung betriebliche Karrierewege und Studienabschlüsse im dualen Verbund ermöglicht werden sollten (Dybowski u.a. 1994).

Der weitere Ausbau differenzierter beruflicher Bildungsgänge erfolgt seitdem vorrangig systemintegriert, d.h. Differenzierung und Öffnung geschehen im Rahmen des bestehenden Berufsbildungssystems, dessen Abgrenzung zu allgemeinbildenden Bildungsgängen immer unschärfer wird. Für den Weiterbildungsbereich als Teil des beruflichen Bildungsweges sind der Ausbau der abschlussbezogenen Aufstiegsfortbildung sowie die vom Wissenschaftsrat empfohlenen dualen Studiengängen an Fachhochschulen (vgl. Wissenschaftsrat 1997) von zentraler Bedeutung, weil hier das Berufsprinzip als Medium allgemeiner Bildung anstelle einer rein akademischen Bildung fortgeführt wird.

Die klassische Idee des beruflichen Bildungsweges scheint sich unter Einbeziehung der umrissenen Bildungsgänge zur Doppelqualifikation sowie dualer Studiengänge als differenziertes System immer deutlicher durchzusetzen. Oder anders betrachtet: Die bildungspolitisch und berufspädagogisch begründeten Reformkonzepte des beruflichen Bildungsweges, der Doppelqualifikation und Integration in der Sekundarstufe II sowie der dualen Studiengänge scheinen in einem differenzierten System zusammenzufinden, auch wenn diese Reformkonzepte nicht im wechselseitigen Bezug aufeinander entwickelt wurden.

6.3   Das Beispiel des IT-Weiterbildungssystems

Mit dem unter 5.4.1 bereits angesprochen IT-Weiterbildungssystem scheint die berufliche Bildung eine Entwicklungsstufe erreicht zu haben, in der von einem eigenständigen Berufsbildungssystem gesprochen werden kann, das berufliche und allgemeine Bildung integriert. Das seit 2002 im Aufbau befindliche IT-Weiterbildungssystem entspricht in Verbindung mit den seit 1997 bestehenden IT-Ausbildungsgängen erstmals einem Berufsbildungssystem von allgemeinbildenden Schulabschlüssen und einer Berufsausbildung über mittlere Positionen bis zu Abschlüssen im tertiären Bereich (vgl. BMBF 2002; Dehnbostel 2003a; Meyer 2006). Damit wird dem Modell des Beruflichen Bildungswegs prinzipiell entsprochen.

IT-Weiterbildungssystem
Das IT-Weiterbildungssystem basiert auf der im Jahre 2002 erlassenen, bundesweit geltenden IT-Fortbildungsverordnung. Es ermöglicht durchgehende Entwicklungs- und Aufstiegswege bis zu höchsten Berufspositionen und sieht dabei Äquivalenzen zu Studienabschlüssen auf Bachelor- und Masterebene vor. Die Weiterbildung erfolgt vorrangig über das Lernen und den Kompetenzerwerb in der Arbeit. Absolventen der neuen IT-Ausbildungsberufe sowie Seiten- und Wiedereinsteiger haben Zugang zu diesem System. Es untergliedert sich in drei gestufte Weiterbildungsebenen, denen die Berufsprofile der „Spezialisten" und darauf aufbauend die Fortbildungsberufe der „operativen Professionals" und der „strategischen Professionals" zugeordnet sind.

Das IT-Weiterbildungssystem wurde entwickelt, um die Berufsform der Arbeit innovativ auf neue Tätigkeitsfelder zu übertragen und um der herrschenden Unübersichtlichkeit der Weiterbildungslandschaft im IT-Bereich entgegenzuwirken. Die über 300 Berufsbezeichnungen mit IT-Bezug sollen durch die 6 Fortbildungsberufe und 29 Spezialistenprofile des IT-Weiterbildungssystems abgelöst werden. Dieses System soll für die über 800.000 Beschäftigten in der Informations- und Kommunikationswirtschaft verlässliche berufliche Entwicklungswege schaffen, die sich durch Flexibilität, Transparenz und Durchlässigkeit auszeichnen. Damit ist erstmals ein modernes, bundesweit geregeltes Weiterbildungskonzept erarbeitet worden, das nur bedingt mit der herkömmlichen Aufstiegsfortbildung vergleichbar ist.

Seit Ende der 1990er Jahre wurden die Vorarbeiten unter Federführung des BIBB durchgeführt und das System in Unternehmen erprobt. Ausgangspunkt und Grundlage für dieses Vorhaben sind die „Markierungspunkte für die Neuordnung der beruflichen Weiterbildung in der IT-Branche", die von der Industriegewerkschaft Metall, der Deutschen Postgewerkschaft, dem Zentralverband Elektrotechnik und Elektronikindustrie e.V. und der Deutschen Telekom AG 1999 vereinbart wurden. Für die Weiterbildungsprofile soll auf der Ebene der Professionals und partiell auch auf der Ebene der Spezialisten eine Gleichwertigkeit mit Modulen entsprechender Bachelor- und Master-Studiengänge hergestellt werden. Die Äquivalenzprüfung ist nach einer Erklärung der Spitzenorganisationen der Sozialpartner und des Bundes zur IT-Fortbildungsverordnung über Credit-Points in Übereinstimmung mit der europäischen Vereinbarung zum „European Credit Transfer System" (ECTS) von 1999 vorzunehmen.

Im Einzelnen basiert das System auf der IT-Ausbildung und umfasst wie in Abb. 6.4 dargestellt auf der ersten Weiterbildungsebene 29 Spezialisten, darauf aufbauend vier „operative Professionals" auf der zweiten Ebene und zwei „strategische Professionals" auf der dritten Ebene (vgl. IT-Fortbildungsverordnung 2002). Bei den vier operativen Professionals handelt es sich um Fortbildungsberufe auf der Ebene von mittleren Fach- und Führungskräften, während die strategischen Professionals auf der darüber liegenden Ebene angesiedelt sind. Die operativen Professionals sind befähigt, Geschäftsprozesse in den Bereichen Entwicklung, Organisation, Beratung oder Vertrieb und Marketing zu gestalten sowie Aufgaben der Mitarbeiterführung wahrzunehmen. Die strategischen Professionals sind befähigt, die IT-Geschäftsfelder eines Unternehmens am Markt dauerhaft strategisch zu positionieren und entsprechend fortzuentwickeln sowie strategische Allianzen und Partnerschaften zu schließen. Unterschiedliche Zugänge zu dem System vereinen herkömmlich vertikale Berufsaufstiege mit horizontalen und diagonalen Entwicklungs- und Aufstiegswegen. Wiedereinsteiger nehmen einen flexibilisierten vertikalen Aufstiegsweg wahr, während für so genannte Seiteneinsteiger ein neuer Zugang zur anerkannten Beruflichkeit geschaffen wird, der an bestimme Berufserfahrungen in der IT-Branche gebunden ist.

Die Spezialistenabschlüsse sind nicht als Fortbildungsberufe im Sinne des Berufsbildungsgesetzes (BBiG) anerkannt, sondern ihre Anerkennung und Zertifizierung erfolgt nach einem privatrechtlich organisierten Verfahren über Zertifizierungsstellen. Die Zulassung zur nächst höheren Ebene der operativen Professionals ist Bestandteil der Anerkennung der IT-Spezialisten. Die Fortbildungsabschlüsse für die operativen und strategischen Professionals werden auf der Basis der Rechtsverordnung nach § 53 (1) und (2) des novellierten BBiG von 2005 geregelt, d.h. es finden Abschlussprüfungen vor entsprechenden Prüfungsausschüssen der Industrie- und Handelskammern statt. Ordnungspolitisch ist diese Konstruktion von erheblicher Bedeutung, da sie staatlich geregelte Aus- und Fortbildungsberufe mit privatrechtlich getragenen Regelungen verbindet. Zurzeit ist allerdings noch ungewiss, wie die gestuften Weiterbildungsabschlüsse von den Unternehmen angenommen werden, und auch die Äquivalenzregelungen zu Bachelor- und Masterstudiengängen sind noch weitgehend offen.

Wie im Zusammenhang mit dem unter 5.4.1 dargestellten Modellprojekt ITAQU ausgeführt, zielt die IT-Weiterbildung auf einen Qualifikations- und Kompetenzerwerb, der im Wesentlichen durch informelles, arbeitsgebundenes Lernen und die systematische Verbindung von Lernen und Arbeiten im Prozess der Arbeit erfolgt. Nach Rohs (2002, S. 75) wird ein „Gesamtkonzept zur Verbindung informeller und formeller Lernprozesse" angestrebt. Für die Entwicklung des IT-Berufsbildungssystems ist die Einbeziehung von Klein- und Mittelbetrieben besonders wichtig (vgl. Dehnbostel/Harder 2004; Molzberger 2004). Das IT-Weiterbildungskonzept ist in didaktisch-curricularer Hinsicht allerdings vor allem für größere

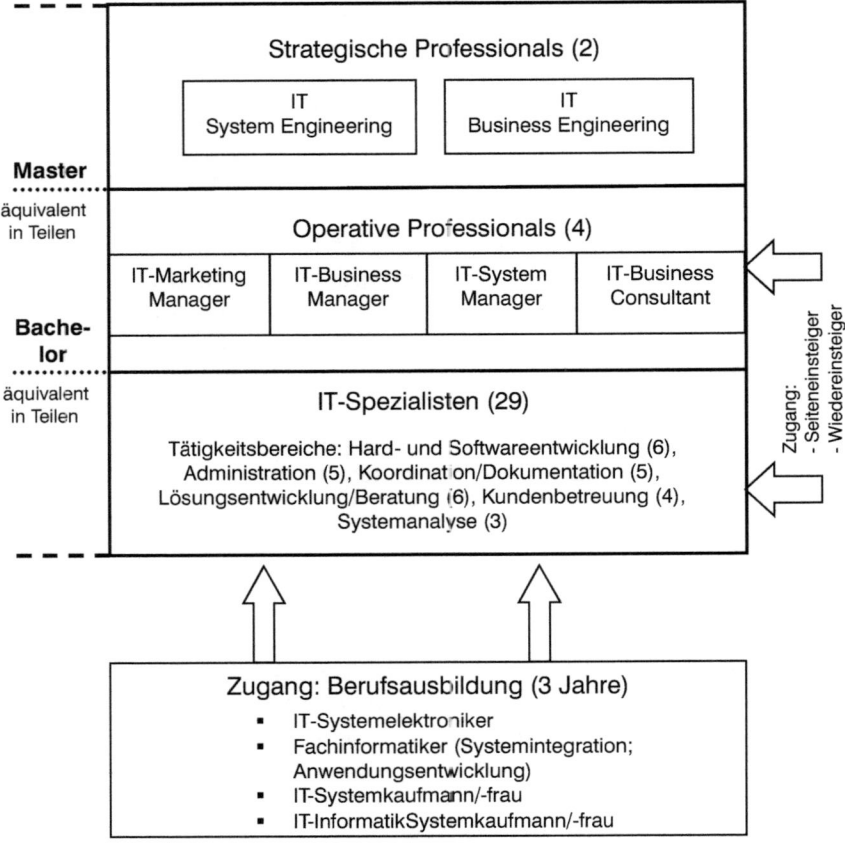

Abbildung 6.4:
Das IT-Weiterbildungssystem

Betriebe entwickelt worden und nur bedingt auf kleinere zu übertragen. In den bisherigen Überlegungen für die IT-Weiterbildung in Klein- und Mittelbetrieben spielen Lernortkooperationen und Netzwerke eine zentrale Rolle. Diese sind besonders im regionalen Zusammenhang notwendig, um IT-Klein- und Mittelbetriebe mit Bildungsträgern bzw. Lernagenturen und weiteren Institutionen zusammenzuschließen.

Insgesamt zeigt das IT-Weiterbildungssystem, wie Kompetenzentwicklung und Aufstiegsfortbildung, betriebliche und berufliche Weiterbildung, informelles Lernen und qualitätsgesicherte Weiterbildung, Weiterbildung und Personalentwicklung sinnvoll miteinander verbunden werden können (vgl. Ehrke 2004, S. 108). Der Lernprozessbegleitung kommt in diesem System eine neue Bedeutung zu wie am Beispiel des Projekts ITAQU gezeigt wurde. Gegenüber Vorläuferkonzepten bricht das IT-Weiterbildungssystem dabei mit dem Dualismus von betrieblichem und schulischem Lernen und den entsprechenden eigenständigen

Organisationsformen im Beschäftigungs- und Bildungssystem. Wissens- und Kompetenzzuwachs finden vorrangig durch Lernen am Arbeitsplatz oder im Arbeitsprozess statt. Einiges spricht dafür, dass gerade hierin der Erfolg dieses Ansatzes liegen könnte.

Das IT-Weiterbildungssystem wird die berufliche und die betriebliche Weiterbildung sowohl in ihrer Verbindung zur betrieblichen Organisations- und Personalentwicklung als auch in ihrer Anrechnung auf einschlägige Hochschulabschlüsse grundlegend verändern. Es ist Ausdruck eines neuen Berufsbildungsverständnisses, das nicht mehr vorrangig über Ausbildungsberufe definiert wird, sondern stärker über die Beruflichkeit im Rahmen lebensbegleitenden Lernens und eine kontinuierliche berufliche Weiterbildung. Im Mittelpunkt steht dabei das Lernen im Prozess der Arbeit in dem oben erörterten Ziel- und Gestaltungskontext der umfassenden Kompetenzentwicklung, der reflexiven Handlungsfähigkeit, der Verbindung von Arbeiten und Lernen sowie der Lernförderlichkeit von Arbeit. Dieses Weiterbildungssystem mit seinen unterschiedlichen Zugängen, Weiterbildungsebenen und angestrebten Äquivalenzen zu Hochschulabschlüssen realisiert das Modell des Beruflichen Bildungswegs in bisher stärkstem Maße und ist zugleich Ausdruck der Gleichwertigkeit von beruflicher und allgemeiner Bildung. Bei erfolgreicher Realisierung wird es nicht nur die beruflich-betriebliche, sondern die Weiterbildung insgesamt in ihrer historisch gewachsenen Struktur verändern.

Fragen zum Themenbereich „Lernen in der Arbeit als Kern des beruflichen Bildungswegs"

- Die Analyse und Bewertung von Kompetenzen in Betrieb und Gesellschaft gewinnt wachsende Bedeutung und Kompetenzanalysen bieten Vorteile für die Beschäftigten und für die Unternehmen. Worin bestehen in Konzepten und Zielorientierungen von Kompetenzanalysen gleichwohl unterschiedliche Ausrichtungen und wie ist das konkrete Instrument des Kompetenzreflektors strukturiert und orientiert?
- Der Begriff beruflicher Bildungsweg kennzeichnet einen zum gymnasial-akademischen Bildungsgang gleichwertigen Bildungsweg, der bis zu Abschlüssen im tertiären Bereich führt. Welche Bedeutung kommt den Kompetenzanalysen und den beruflichen Entwicklungs- und Aufstiegswegen für die Realisierung des Beruflichen Bildungswegs zu und inwiefern kommt das IT-Weiterbildungssystem diesem Konzept nahe?

Literatur zur Vertiefung

BMBF (Bundesministerium für Bildung und Forschung) (Hg.) (2002): IT-Weiterbildung mit System. Neue Perspektiven für Fachkräfte und Unternehmen. (BMBF PUBLIK). Bonn

Dehnbostel, P. (2003a): Das IT-Weiterbildungssystem im historischen Kontext des beruflichen Bildungsweges. In: Dehnbostel, P. u.a. (Hg.): Perspektiven moderner Berufsbildung. E-Learning, Didaktische Innovationen. Modellhafte Entwicklungen. Bielefeld, S. 253–267

Gillen, J. (2006): Kompetenzanalysen als berufliche Entwicklungschance. Eine Konzeption zur Förderung beruflicher Handlungskompetenz. Bielefeld.

Meyer, R. (2006): Theorieentwicklung und Praxisgestaltung in der beruflichen Bildung. Bildungsforschung am Beispiel des IT-Weiterbildungssystems. Bielefeld

7 Europäischer und Deutscher Qualifikationsrahmen – Stärkung des Lernens in der Arbeit?

Grundlegende Entwicklungen und Tendenzen im Bildungs- und Berufsbildungssystem, die die weitere Anerkennung und Bewertung des Lernens in der Arbeit wesentlich tangieren, sind bereits mehrfach angesprochen worden. Im ersten Kapitel wurde die Zukunft des Berufsprinzips unter dem Gesichtspunkt des Wandels der Arbeit in der Wissens- und Dienstleistungsgesellschaft erörtert, im Kapitel 6 wurde im Zusammenhang mit der Anerkennung und Zertifizierung des Lernens in der Arbeit auf die ambivalente Rolle europäischer Maßnahmen hingewiesen. In diesem abschließenden Kapitel wird auf den Europäischen und den Deutschen Qualifikationsrahmen eingegangen, die auf die Berufs- und Weiterbildung und das Lernen in der Arbeit wesentlichen, wahrscheinlich sogar entscheidenden Einfluss haben werden.

Im Mittelpunkt der entsprechenden Empfehlungen und Konzepte der EU stehen der Europäische Qualifizierungsrahmen (EQR) (vgl. Kommission der Europäischen Gemeinschaften 2006a), das Europäische Leistungspunktesystem für die berufliche Bildung (ECVET) (vgl. Kommission der Europäischen Gemeinschaften 2006b) und der EUROPASS. Diese Konzepte dienen – kurz gesagt – der Erfassung, Abbildung und Bewertung von Qualifikationen und Kompetenzen sowie deren Vergleichbarkeit und wechselseitigen Anerkennung in den europäischen Ländern. Sie ordnen sich in die sogenannte Lissabon-Strategie aus dem Jahre 2000 ein, in der der Rat der Europäischen Union mit großem Optimismus verkündete, die EU bis zum Jahr 2010 zum weltweit wettbewerbsfähigsten und dynamischsten Wirtschaftsraum zu machen, der auch den sozialen Zusammenhalt fördere (vgl. Kommission der Europäischen Gemeinschaften 2006b). Auch das Leistungspunktesystem für die Hochschulen, das „European Credit Transfer and Accumulation System" (ECTS), das mit dem 1999 einsetzenden sogenannten Bologna-Prozess zur Gestaltung eines gemeinsamen europäischen Hochschulraums verabredet wurde, ist hierbei einzubeziehen (vgl. Bülow-Schramm 2006, S. 105f.).

Der Anerkennung und Zertifizierung informellen Lernens kommt in diesen Empfehlungen und Vereinbarungen ein wichtiger Stellenwert zu. Auf den ersten Blick wird das Lernen in der Arbeit durch die gleichwertige Einbeziehung informellen Lernens aufgewertet, werden Modelle zur Verbindung von Arbeiten und Lernen und der berufliche Bildungsweg gestärkt. Die mit dem EQR und dem ECVET verbundenen inhaltlich-konzeptionellen Grundlegungen, so vor allem die Output- und Modulorientierung sowie die inhaltliche Fassung des Kompetenzbegriffs, lassen diese Sichtweise allerdings kaum mehr zu. Auch die Diskussion in Deutschland zeigt die Ambivalenz und Widersprüchlichkeit der europäischen Reformbestrebungen für das nationale Bildungs- und insbesondere Berufsbildungssystem. Wie bereits Ende des Abschnitts 1.2 angesprochen, verbinden kritische Stimmen mit der Durchsetzung von EQR und ECVET das Ende des dualen Systems und des Berufsprinzips, für andere bieten diese Maßnahmen hingegen die Chance, das deutsche Berufsbildungssystem zu modernisieren und die überkommene Dichotomie von beruflicher und allgemeiner Bildung zu überwinden (vgl. Mucke 2006; Severing 2006).

Um die Perspektiven des Lernens in der Arbeit, seine Anerkennung und Anrechenbarkeit sowie seine Auswirkungen auf die Entwicklung der Berufsbildung unter den aktuellen, europäisch inspirierten Reformen genauer einschätzen zu können, wird im Folgenden auf den EQR und das ECVET eingegangen (7.1), um dann auf Forderungen und Essentials für den im Wesentlichen erst noch zu entwickelnden Deutschen Qualifikationsrahmen zu sprechen zu kommen (7.2). Der abschließende Abschnitt (7.3) reflektiert die Reformmaßnahmen und ihre Auswirkungen im Hinblick auf die zukünftige Stellung des Lernens in der Arbeit im Bildungssystem, insbesondere in der Berufs- und Weiterbildung.

7.1 Das Konzept des Europäischen Qualifikationsrahmens (EQR)

Der Europäische Qualifikationsrahmen stellt einen Metarahmen dar, der nationale Qualifikationen und Abschlüsse europaweit transparent und vergleichbar machen und damit die Mobilität in und zwischen den europäischen Bildungssystemen sowie auf dem europäischen Arbeitsmarkt erleichtern und befördern soll. Bis Ende 2010 soll die Kopplung der nationalen Bildungssysteme an den EQR über vorhandene oder noch zu entwickelnde Nationale Qualifikationsrahmen erfolgen. Alle neuen Abschlüsse sollen bis Ende 2012 Verweise auf die Einordnung in den jeweiligen Nationalen Qualifikationsrahmen und in den EQR enthalten.

Der Vorschlag der Europäischen Kommission zu einem EQR wird seit Jahren bildungspolitisch und konzeptionell-gestalterisch erarbeitet und diskutiert, nachdem die Mitgliedstaaten der EU 2004 in Maastricht die Schaffung eines EQR beschlossen hatten. Ein erster Entwurf wurde durch eine Expertengruppe in den Jahren 2004 und 2005 vorgelegt (vgl. Kommission der Europäischen Gemeinschaften 2006a), nachdem zuvor vom „European Centre for the Development of Vocational Training" (CEDEFOP) Vorarbeiten geleistet worden waren. Der EQR soll nach Prüfung im Europäischen Rat sowie beim Europäischen Parlament im Jahre 2007 verabschiedet werden. Er soll eine „Navigation" innerhalb komplexer Bildungssysteme ermöglichen und ein Unterstützungsangebot für Behörden, Bildungsinstitutionen, Verbände und Unternehmen sein.

Zur politischen Steuerung bedient sich die Europäische Union der sogenannten Methode der offenen Koordinierung, die ausdrücklich keine Harmonisierung oder Vereinheitlichung der Bildungssysteme vorsieht, wohl aber deren Abstimmung und Kompatibilität. Eine andere Frage ist, inwieweit die von der EU eingesetzten Koordinierungsmittel, allen voran die datengestützten Benchmarks (vgl. Kommission der Europäischen Gemeinschaften 2007), gleichwohl eine Harmonisierung und einen angleichenden Handlungszwang bewirken, der letztlich zu einer Erosion des deutschen Berufskonzeptes führen könnte (vgl. Meyer 2006).

Der EQR als Rahmen zur Verknüpfung und zum Vergleich national und europäisch erworbener Qualifikationen ist in der folgenden Abbildung hypothetisch dargestellt. Im EQR sind acht Referenzniveaus bzw. Niveaustufen festgelegt, die sich durchaus von der Anzahl der Niveaustufen in den einzelnen Ländern unterscheiden können. National nehmen private oder öffentlich-rechtliche Organisationen die Einordnung von Qualifikationen und Kompetenzen in den jeweiligen nationalen und den europäischen Qualifikationsrahmen vor.

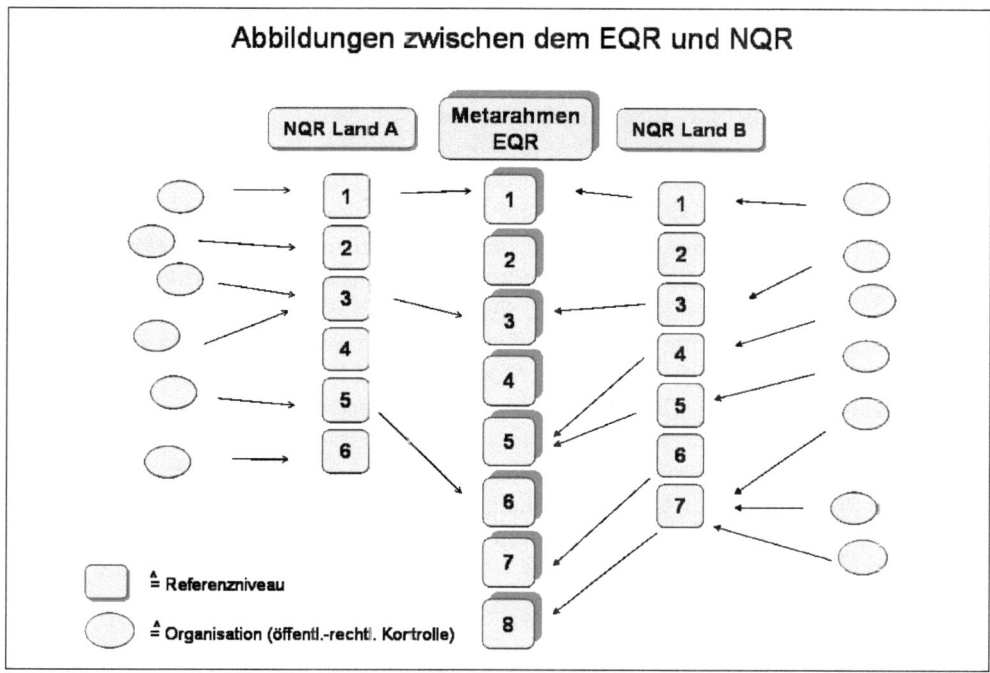

Der ersten der acht Niveaustufen sind nach dem EQR Personen zuzuordnen, die über allgemeine Kenntnisse und Fertigkeiten verfügen, die mit einem Schulabschluss einhergehen. Mit der Erlangung weitergehender Fertigkeiten, Kenntnisse und Kompetenzen auf bestimmten Gebieten, die z.B. durch Ausbildungs- und Weiterbildungsabschlüsse dokumentiert sein können, sind die Lernergebnisse der Person höheren Niveaustufen zuzuordnen. Ab Stufe fünf ist ein Niveau angesprochen, das mit deutlich mehr Verantwortung, sowohl für das eigene Handeln und die Kooperation mit anderen als auch für die Arbeits- und Geschäftsprozesse verbunden ist. Studienleistungen sind in die Niveaustufen 5-8 einzuordnen, wobei sich auf der achten Stufe Spitzenkräfte aus Wirtschaft und Verwaltung finden (vgl. Kommission der Europäischen Gemeinschaften 2006a, S.19ff.).

In den einschlägigen Dokumenten der EU werden als zentrale Merkmale des EQR die Outcome-Orientierung, d.h. die Orientierung an Lernergebnissen und die Einbeziehung informell erworbener Kompetenzen genannt. Ziele und Funktionen des EQR sind im Wesentlichen:

- Vergleich national erworbener Qualifikationen und Abschlüsse
- Erfassung und Bewertung von Bildungsabschnitten und -gängen der beruflichen und allgemeinen Bildung

- Vergleichbarkeit von Qualifikationen, Anrechenbarkeit von im Ausland erworbener Teilqualifikationen und Erhöhung grenzüberschreitender Mobilität
- Einbeziehung von Formen informellen und non-formellen lebenslangen Lernens
- Gleichwertigkeit von beruflicher und allgemeiner Bildung
- Sicherung der Qualität.

Der EQR ist in seiner Konstruktion durch die Merkmale der Outcome-Orientierung, durch 8 Levels bzw. Referenzniveaus sowie 24 Deskriptoren gekennzeichnet. Die 8 Referenzniveaustufen bilden die Grundlage zur Beschreibung von Lernergebnissen (Outcome-Orientierung). Sie sollen Lernergebnisse beschreibend erfassen und sämtliche Qualifikationen abdecken, vom allgemeinen und beruflichen Pflichtschulabschluss bis zur höchsten akademischen Stufe sowie der beruflichen Aus- und Weiterbildung. Für jede Niveaustufe sind drei Deskriptoren vorgesehen, die Kenntnisse (Knowledge), Fertigkeiten (Skills), personale und berufliche Kompetenzen (Competences) erfassen. Dabei werden die Qualifikationen nach Inhalt und Profil erfasst. Inhalte, Methoden und Formen von Qualifizierungs- und Bildungsangeboten (Input- und Prozess-Orientierung) spielen dabei keine Rolle. Wie aus der Grafik zu ersehen, sollen die europäischen Mitgliedstaaten ihre Bildungs- und Qualifikationssysteme mit dem Europäischen Qualifikationsrahmen über jeweilige Nationale Qualifikationsrahmen (NQR) in Beziehung setzen und kompatibel machen. Der EQF soll zudem – indem er sich auf sämtliche Qualifizierungs- und Bildungsabschlüsse richtet – die Bereiche der Berufs- und der Hochschulbildung verknüpfen. Zusammenfassend ist der EQR folgendermaßen zu charakterisieren:

Europäischer Qualifikationsrahmen (EQR)
Das im Rahmen der gemeinsamen Bildungspolitik der EU im Jahre 2004 in Maastricht beschlossene „European Qualification Framework" (EQF) umfasst neben der Berufs- und Weiterbildung auch die schulische und Hochschulbildung. Ziel des EQR ist die Beschreibung, Zuordnung und damit Vergleichbarkeit der in den verschiedenen nationalen Bildungssystemen bestehenden Kenntnisse, Fertigkeiten und Kompetenzen, die als Lernergebnisse verstanden werden. Zentrale Merkmale des EQR sind:
- die Outcome-Orientierung, d.h. die Orientierung an den Lernergebnissen
- acht Niveaustufen, in denen die Lernergebnisse über Deskriptoren dargestellt werden
- die Einbeziehung informell erworbener Kompetenzen.

In der Diskussion und den Empfehlungen der EU wird unter Kenntnissen das Ergebnis der Verarbeitung von Information durch Lernen verstanden. Kenntnisse bezeichnen die Gesamtheit der Fakten, Grundsätze, Theorien und Praxis in einem Lern- und Arbeitsbereich. Im EQF werden Kenntnisse als Theorie- und/oder Faktenwissen beschrieben. Fertigkeiten beschreiben die Fähigkeit, Kenntnisse anzuwenden und Know-how einzusetzen, um Aufgaben auszuführen und Probleme zu lösen. Im EQF werden kognitive und praktische Fertigkeiten unterschieden, wobei kognitive Fertigkeiten u.a. logisches, intuitives und kreatives Denken bedeuten und praktische Fertigkeiten Geschicklichkeit und die Anwendung bestimmter Methoden, Materialien, Werkzeuge und Instrumente. Die Kompetenz beschreibt schließlich die nachgewiesene Fähigkeit, Kenntnisse, Fertigkeiten sowie persönliche, soziale und/oder methodische Fähigkeiten in Arbeits- oder Lernsituationen und für die berufliche und/oder persönliche Entwicklung zu nutzen. Sie werden im EQF als Übernahme von Verantwortung und selbstständigem Handeln verstanden.

In einer Stellungnahme des Hauptausschusses des Bundesinstituts für Berufsbildung zum Berufsbildungsbericht 2007 werden einige Voraussetzungen für eine erfolgreiche Implementierung des EQF formuliert:

- „Beruflicher Kompetenzerwerb muss auf allen Stufen angemessen berücksichtigt werden – d.h., alle Stufen des EQR müssen über verschiedene Bildungswege erreicht werden können (Gleichwertigkeit allgemeiner und beruflicher Bildung).
- Die Förderung beruflicher Handlungsfähigkeit und Beschäftigungsfähigkeit muss seine Hauptfunktion sein.
- Der EQR muss für seine Nutzer handhabbar sein – d.h., dass die Deskriptoren zur Beschreibung von Kompetenz valide und einfach nachvollziehbar sind.
- Die Deskriptoren müssen so formuliert sein, dass sie für eine nationale Umsetzung keinerlei Restriktionen beinhalten.
- Die Ganzheitlichkeit von Qualifikationen muss gewahrt, deren Atomisierung verhindert und ihr beschäftigungsbefähigender Zuschnitt sichergestellt werden. Das bedeutet, das Berufsprinzip darf nicht berührt werden.
- Der Einführung des EQR muss eine Phase der Erprobung, Evaluation und Revision vorausgehen." (BMBF 2007, S. 35).

Zusätzlich zum EQR wird das Europäische Leistungspunktesystem für die berufliche Bildung (ECVET) einen erheblichen Einfluss auf die zukünftige Berufs- und Weiterbildung haben. Es ist als System zu verstehen, welches Lerneinheiten (Units) als Teil einer Qualifikation in Form von Kenntnissen, Fertigkeiten und Kompetenzen für den Einzelnen übertragbar und akkumulierbar machen soll. Vorgesehen ist, den Lernleistungen bzw. Lerneinheiten unabhängig vom Lernweg eine bestimmte Anzahl von Leistungspunkten zuzuordnen. Explizit stützt sich ECVET auf die freiwillige Teilnahme der Mitgliedstaaten und deren Akteure. Zugleich wird durch den Rat der Europäischen Union die Notwendigkeit von gemeinsamen europäischen Grundsätzen betont, um „die Entwicklung von hochwertigen, verlässlichen Ansätzen und Verfahren der Ermittlung und Validierung von nicht formalen und informellen Lernprozessen zu fördern" (Rat der Europäischen Union 2004, S. 4).

Grundlegend für ECVET ist die Outcome-Orientierung an branchenbezogenen Fertigkeiten und Fähigkeiten. Die intendierten Lernergebnisse sollen als übergeordnete Lerneinheiten einzelnen Teilqualifikationen, Units oder Modulen zugeordnet werden. Dabei sind Art, Zeit und Erwerb der Outcomes für die Zulassung zum Verfahren, das den Lernerfolg feststellt, weitgehend unabhängig. Die Verantwortung für den Lernerfolg liegt bei den Lernenden. Normierende Standards richten sich auf das Lernergebnis und nicht auf den Lerninput oder den Lernprozess. Anders als der EQR richtet sich ECVET an Einzelpersonen, denen es ermöglicht werden soll, ihren individuellen Lernweg zu dokumentieren und die Lernergebnisse von einem auf den anderen Lernkontext zu übertragen. Die Europäische Kommission beschreibt ECVET als „ein System, das es ermöglicht, eine Qualifikation in Form übertragbarer und akkumulierbarer Lerneinheiten (in Form von Kenntnissen, Fertigkeiten und Kompetenzen) zu beschreiben und diesen Lerneinheiten Leistungspunkte zuzuordnen" (Kommission der Europäischen Gemeinschaften 2006b, S. 3).

Im ECVET wird das Lernen in der Arbeit durch die Anerkennung informellen Lernens erheblich aufgewertet. Zugleich werden Ordnungskategorien angegeben, die höchst problematisch sind. Grundlegende Ordnungseinheiten sind Module, in denen Units als kleinste Qualifikationselemente und informelle Lernprozesse zusammengefasst werden. Dabei bilden die Module bzw. Einheiten als zertifizierbare Teile einer aus Kenntnissen, Fertigkeiten und Kompetenzen bestehenden Qualifikation die Grundlage für die Berechnung der Leistungspunkte (ebd., S. 13). Damit aber könnte sich die Aufwertung des Lernens in der Arbeit in eine Abwertung der durch Ganzheitlichkeit, Bildungsgang- und Berufsorientierung charakterisierten beruflichen Bildung verkehren. Mit der Orientierung des Kompetenzerwerbs an einer Modularisierung und kleinteiligen Qualifikationen durch das ECVET-System liegen die Erosion ganzheitlicher, dem Berufskonzept folgender Berufsbildungsgänge und eine Qualifizierung im Sinne angelsächsischer Module nahe (vgl. Drexel 2006). Der Konstruktion und Realisierung eines Deutschen Qualifikationsrahmens kommt von daher eine außerordentlich große Bedeutung zu.

7.2 Konturen eines Deutschen Qualifikationsrahmens (DQR)

Die Frage, wie ein Deutscher Qualifikationsrahmen strukturiert und orientiert werden soll, wird seit 2006 zwischen Bundesregierung, Sozialpartnern, Parteien und Experten diskutiert. Anlass und Ausgangspunkt sind die mit dem EQR verbundenen Ansprüche der Vergleichbarkeit und wechselseitigen Anerkennung von national erworbenen Qualifikationen unter europäischer Koordinierung. Auf europäischer Ebene ist beschlossen, über nationale Rahmen die transnationale Anschlussfähigkeit und eine im internationalen Vergleich bildungsbereichsübergreifende Bewertung und Positionierung von im jeweiligen Land erworbenen Qualifikationen vorzunehmen. Die Anerkennung und Stufung von Qualifikationen und Kompetenzen sowie die Verfahren und Instrumente zu ihrer Erfassung sind nationale Aufgaben. Wenn gleichwohl Kompetenzerfassungen und -bewertungen in direktem Bezug auf den EQR vorgenommen werden, dann heißt dies zumeist, dass die Besonderheiten und tradierten Entwicklungen des jeweiligen Bildungssystems außer Acht gelassen werden. Der EQR erhält damit – entgegen seiner eigentlichen Intention als Übersetzungs- und Vergleichbarkeitsinstrument – die Funktion eines Referenz- und Konstruktionsleitsystems.

Ein Deutscher Qualifikationsrahmen ist als Abbildung und Landkarte möglicher Bildungswege und Abschlüsse zu verstehen. Die Nähe zu den Grundprinzipien von EQR und ECVET, vor allem zur Outcome- und Modulorientierung, ist bisher ebenso offen, wie die Frage, ob der DQR zur Reform des Bildungssystems beitragen oder sogar als Motor allseits geforderter Reformen fungieren kann. Der zeitliche Rahmen sieht vor, dass zunächst eine Klärung der Stufung und der Deskriptoren des DQR erfolgt und bestehende Qualifikationen beispielhaft eingeordnet werden. In Abstimmung mit dem angesprochenen Zeitplan des EQR soll bis 2010 eine Zuordnung der bestehenden Abschlüsse des deutschen Bildungssystems zum DQR erfolgen, um bis 2012 neue Abschlüsse zuzuordnen und das System zu evaluieren.

Welche Vorstellungen und Konzepte bestehen nun für einen Deutschen Qualifikationsrahmen? Folgende Problem- und Arbeitsschwerpunkte kennzeichnen den Stand der Diskussion:

- die Frage der Zielsetzungen und Aufgaben eines DQR, besonders in Auseinandersetzung mit dem EQR und unter dem Gesichtspunkt von Reformen
- die Einordnung von Abschlüssen in Niveaustufen, die Festlegung der Anzahl der Niveaustufen sowie die Bereitstellung von Instrumentarien zur Erfassung und Beschreibung von Qualifikationsbündeln und Kompetenzen
- die begriffliche und theoretisch-konzeptionelle Fassung von Schlüsselbegriffen wie Qualifikation, Kompetenz, Kompetenzanalysen und Deskriptoren
- die Auseinandersetzung darüber, inwieweit der Qualifikationsrahmen das Berufsprinzip oder ein Modulprinzip im Sinne von EQR und ECVET zugrunde legt
- die Festlegung, inwieweit der DQR einer einseitigen Outcome-Orientierung oder einer im Prinzip gleichwertigen Outcome-, Prozess- und Input-Orientierung folgt, die dem Organisationsprinzip des deutschen Berufsbildungssystems eher entsprechen würde.

Im Hinblick auf ein arbeitsorientiertes Lernen haben diese Problem- und Arbeitsschwerpunkte im Bildungswesen unterhalb der Sekundarstufe II und in der gymnasialen Oberstufe nur eine eingegrenzte, wenngleich im Hinblick auf Praktika, Berufsorientierung und Berufswahl große Relevanz. Für die Berufs- und Weiterbildung sind im Rahmen des DQR Wege zu eröffnen, die die über das Lernen in der Arbeit erworbenen Kompetenzen und Module auf Berufsbildungsgänge bzw. -abschlüsse anrechnen, ebenso wie im novellierten BBiG die Anerkennung von Teilqualifikationen in Form von Qualifizierungsbausteinen auf eine einschlägige Berufsausbildung verbindlich festgelegt worden ist. Bei der Zuordnung zu den jeweiligen Stufen muss der Erwerb oder die Komplettierung einer umfassenden beruflichen Handlungskompetenz über Deskriptoren ausreichend erfasst werden. Dabei ist von einem einheitlichen Kompetenzbegriff auszugehen, der mit dem oben referierten handlungs- und berufsbezogenen Kompetenzbegriff übereinstimmt und nicht einem kognitionstheoretisch verengten Verständnis folgt (vgl. Dehnbostel/Lindemann 2007, S. 180).

Über die Konstruktion von Niveaustufen im DQR sind alle Bildungsbereiche bzw. Bildungsstufen, so der tertiäre Bereich, der quartäre Bereich und die Sekundarstufen I und II abzubilden, womit vier oder fünf Niveaustufen notwendig wären und nicht acht wie im EQR vorgesehen. Die einzelnen Schul-, Hochschul- sowie Aus- und Weiterbildungsabschlüsse sind über Bereiche und Sektoren horizontal zuzuordnen. In der Diskussion bestehen starke Voten dafür, niedrige Abschlüsse einschließlich der Facharbeiterqualifikationen vertikal differenzierend aufzunehmen, was sicherlich die bestehende Segmentierung und soziale Selektion im Bildungsbereich verstärken würde. Bei den höheren Abschlüssen in Diplomanden-, Master-, Promotions- und Habilitationsbereichen bestehen demgegenüber keine weiteren Differenzierungsforderungen, obwohl hier – von Kompetenzen und Qualifikationen her gesehen – eine weitaus größere Niveaudifferenzierung besteht als im Bereich der Niedrigabschlüsse.

Um den für jede Qualifizierung und jeden Bildungsgang grundlegenden Bildungsinhalten und -prozessen Rechnung zu tragen, ist die Einordnung von erworbenen Qualifikationen und Kompetenzen nicht vorrangig über Lernergebnisse oder eine Outcome-Orientierung vorzunehmen. Wie in der folgenden Abbildung dargestellt, ist der einseitigen Outcome-Orientierung des EQR mittels abstrakter Deskriptoren durch eine Gleichzeitigkeit von Input-, Prozess-, Output- und Outcome-Orientierung zu begegnen, die kontext- und bildungsgangbezogen ist.

Anerkennungsrahmen: Input-, Prozess-, Output- und Outcomephasen

Phasen	Input	Prozess	Output	Outcome
Merkmale	• Rahmenbedingungen • Ressourcen Bildungspersonal • Gliederung d. Lernschritte	• Lernen und Kompetenzentwicklung • Lern- und Lehrformen • Didaktische Konzepte	• Geprüfte Leistungen • Berufliche Handlungskompetenz und -performanz	• Erfolg in der Berufstätigkeit und der Lebensbewältigung
Vorgaben, Steuerungsmedien	• Studien-, Berufsordnungen • Informelles Lernen	• Kompetenzentwicklung, • Kompetenzstandards	• Zertifizierungen, Prüfungen • Beruflichkeit	• Anwendungssituationen • Berufl. Handlungsfelder
Referenz	Kompetenzen, Beruflichkeit, Bildungsmanagement Didaktik-Methodik			Arbeitsmarkt, Praxis

Eine begriffliche und konzeptionelle Grundlegung des Kompetenzverständnisses ist in diesem Zusammenhang für den DQR unerlässlich. Es spricht vieles dafür, dass die mit den Begriffen Kompetenz und Kompetenzanalyse verbundenen Begriffs- und Konzeptverständnisse im Mittelpunkt der Gestaltung des DQR stehen werden. Für das Lernen in der Arbeit und die Berufs- und Weiterbildung haben sie, wie in Kapitel 2 ausgeführt, ohnehin eine zentrale Bedeutung. Eine Anschlussfähigkeit des im EQR festgelegten Kompetenzbegriffs an das oben dargelegte Kompetenzverständnis, das grundsätzlich von einem Subjektbezug ausgeht und als Einheit von Fach-, Sozial- und Personalkompetenz unter Einbeziehung der Berufsbildungsdimension definiert wird, ist nicht ohne weiteres gegeben. Die Begriffsbestimmung des EQF ist offensichtlich eher an die im englischsprachigen Raum zugrunde liegende Definition von „competencies" angelehnt. Damit zielt die Kompetenz primär auf abgeschlossene und zertifizierte Lerneinheiten bzw. Qualifikationen, was einem subjekt- und bildungsbezogenen Kompetenzverständnis widersprechen würde.

Schließlich sind das Berufsprinzip und die Gleichwertigkeit von beruflicher und allgemeiner Bildung in einem Nationalen Qualifikationsrahmen zu verankern und in den Formalkategorien auszuweisen. Gleichfalls sind die Optionen und Regelungen einer ganzheitlichen Weiterbildung als vierte Säule des Bildungssystems einschließlich der Anrechnung beruflicher Qualifikationen auf die Hochschulbildung zu berücksichtigen. In dieser Orientierung würden die Akzeptanz für einen notwendigen europäischen Bildungsraum wachsen und überfällige Reformen der Berufs- und Weiterbildung vorangetrieben.

7.3 Perspektiven für das Lernen im Prozess der Arbeit

Der DQR muss also einer doppelten Zielsetzung genügen: Auf europäischer Ebene hat er eine transnationale Anschlussfähigkeit und eine im internationalen Vergleich adäquate bildungsbereichsübergreifende Bewertung und Positionierung von in Deutschland erworbenen Kompetenzen zu leisten, national hat er eine Abbildung aller vorhandenen Bildungswege, Abschlüsse und Kompetenzen vorzunehmen. Hierbei kann es nicht um eine statische Zuordnung gehen, vielmehr ist die durch die Abbildung einzulösende Transparenz und Durchlässigkeit daran auszurichten, allen Erwachsenen und Jugendlichen den Erwerb anerkannter, qualitativ hochwertiger Bildungs- und Berufsabschlüsse im Rahmen lebensbegleitenden Lernens zu ermöglichen. Der DQR ist so zu gestalten, dass er dazu beiträgt, der bestehenden starken sozialen Selektion und Differenzierung des Bildungssystems (vgl. Bolder u.a. 1996; Neß 2007; Overwien/Pregel 2007) zu begegnen und als Hilfestellung zur Erlangung von schulischen, hochschulischen, Berufs- und Weiterbildungsabschlüssen genutzt werden kann.

In der Arbeitswelt und auch in der Lebenswelt erworbene Qualifikationen und Kompetenzen sind so zu erfassen und zu bewerten, dass sie für die im Qualifikationsrahmen ausgewiesenen Bildungswege und Abschlüsse anschlussfähig sind und anerkannt werden. Dies bezieht sich auch oder gerade auf informell erworbene Qualifikationen. Hier besteht für das deutsche Bildungs- und vor allem Berufsbildungssystem gegenüber vielen europäischen Ländern ein erheblicher Nachholbedarf, der nicht zuletzt auf die in Abschnitt 1.1 skizzierte starke Systematisierung und Zentralisierung der Berufsbildung in Deutschland zurückzuführen ist. In dem über den DQR abzubildenden Bildungssystem ist dem Lernen in und über Arbeit von der schulischen Berufsvorbereitung und schulischen Praktika über berufliche und hochschulische Ausbildungsgänge bis zu den unterschiedlichen Qualifizierungswegen in der Weiterbildung eine tragende Rolle zuzuweisen – ein Anspruch, der in der Vergangenheit in schulischen Konzepten der Arbeitslehre und des Berufswahlunterrichts ebenso wie im Konzept des eigenständigen und gleichwertigen Berufsbildungssystems immer wieder postuliert und in Teilen im gegenwärtigen Bildungssystem realisiert ist.

Sicherlich stellt sich die Frage, ob damit ein nationaler Qualifikationsrahmen nicht überfordert wird. Gesellschaftliche Entwicklungen und Anforderungen der Wissens- und Dienstleistungsgesellschaft sprechen dafür, einen solchen Rahmen in simultaner Entwicklung zum Bildungssystem nicht statisch, sondern dynamisch und dabei vorausschauend anzulegen. Er sollte einerseits der Bestandsaufnahme, andererseits der Förderung und Weiterentwicklung von Kompetenzniveaus, Abschlüssen und Bildungswegen dienen. Der Bildungsgesamtplan und die Schriften des Deutschen Bildungsrats in der Bildungsreformzeit um 1970 haben hierbei eine gewisse Vorläuferfunktion. Ein Unterschied besteht darin, dass den Ausgangpunkt für ein aufzuzeigendes Bildungsgesamtsystem nicht bildungspolitisch und bildungstheoretisch begründete Postulate einer anzustrebenden Reform bilden, sondern die Bestandsaufnahme und Abbildung bestehender Bildungswege, Abschlüsse und Möglichkeiten zum Erwerb von Kompetenzen einschließlich der – bisher ausstehenden – Anerkennung und Zertifizierung informell erworbener Kompetenzen. Diese Bestandsaufnahme kann kein empirisch-positivistisch oder technisch zu handhabendes Instrumentarium darstellen, sondern ist prospektiv auszurichten und an Zielsetzungen und gesellschaftlich-kulturelle Normen zu binden, womit auch eine reine Outcome-Orientierung und einseitige Marktorientierung zu verwerfen sind.

Den vorhandenen Schwächen und Gefahren des EQR, die der anzustrebenden und global notwendigen europäischen Vereinheitlichung auf dem kleinsten gemeinsamen Nenner geschuldet sein mögen, ist im DQR durch den Bezug auf das Berufsprinzip, einen umfassenden Kompetenzbegriff und die Gleichwertigkeit von Income-, Prozess- und Outcome-Orientierung zu begegnen. Damit trägt ein DQR zur Stärkung und Reform des Modells eines die Arbeit einbeziehenden Bildungssystems und einer beruflich ausgerichteten Aus- und Weiterbildung sowie betrieblichen Bildungsarbeit bei. Dem EQR käme nicht nur die Rolle zu, die transnationale Vergleichbarkeit und Anerkennung der im DQR abgebildeten Kompetenzen und Abschlüsse zu ermöglichen, sondern darüber hinaus auf europäischer und globaler Ebene ein Qualifizierungssystem in die Reformdiskussionen und -entwicklungen einzubringen, dem die Berufsform von Arbeit und das Berufsprinzip zugrunde liegen. In diesem System sind die Interessen und Anforderungen des Beschäftigungssystems mit individuellen und autonomen Persönlichkeitsentwicklungen im Sinne der europäischen Bildungsidee vereint.

Der DQR trägt aus dieser Sichtweise zur Stärkung des Lernens in der Arbeit und seiner Anerkennung und Zertifizierung im Rahmen des Bildungssystems, insbesondere in beruflichen Aus- und Fortbildungsgängen bei. Die Ausführungen dieser Abhandlung zu den Zielsetzungen der beruflichen Handlungskompetenz und reflexiven Handlungsfähigkeit, zum informellen Lernen und dessen Verbindung zum formellen Lernen, zur lern- und kompetenzförderlichen Arbeitsgestaltung, zur Begleitung und Beratung und schließlich zu den Entwicklungs- und Aufstiegswegen als Kern des beruflichen Bildungswegs sind als Konzept und Programmatik für die Integration des Lernens in der Arbeit in ein Bildungsgesamtsystem zu verstehen. Mit dieser Orientierung könnte der DQR mit den allseits geteilten Zielen der Herstellung von Transparenz und Durchlässigkeit und dem Auftrag der Anerkennung und Bewertung informellen Lernens zu einem Meilenstein in der Weiterentwicklung des Bildungssystems und insbesondere der Reform der Berufs- und Weiterbildung unter optimaler Einbeziehung des Lernens in der Arbeit und des betrieblichen Bildungsmanagements werden.

Fragen zum Themenbereich „Europäischer und Deutscher Qualifikationsrahmen – Stärkung des Lernen in der Arbeit?"

- Das Konzept des EQR als Metarahmen und Übersetzungsinstrument sieht vor, national erworbene Qualifikationen und Abschlüsse europaweit transparent und vergleichbar zu machen; der DQR hat eine transnationale Anschlussfähigkeit und bildungsbereichsübergreifende Bewertung und Anerkennung von in Deutschland erworbenen Kompetenzen und Abschlüssen zum Ziel. Worin bestehen die Strukturen, Merkmale und Verfahren dieser beiden Konzepte? Inwieweit sind die mit dem EQR verbundenen Zielsetzungen der europäischen Vergleichbarkeit im Bildungsbereich und der Erleichterung der Mobilität zwischen den Bildungssystemen und auf dem europäischen Arbeitsmarkt einzulösen?
- Wie in Kapitel 1 erörtert, folgt die Berufs- und Weiterbildung in Deutschland dem Berufsprinzip. Ist diese Grundlegung mit der Modul- und Output-Orientierung des EQR und des ECVET verträglich und was bedeutet dies für die Konstruktion und Zielsetzung des DQR? Erörtern Sie in diesem Zusammenhang die prinzipielle Zielsetzung und die Bedeutung des Lernens in der Arbeit für den erst in der Entstehung begriffenen DQR.

Literatur zur Vertiefung

Clement, U./Le Mouillour, I./Walter, M. (Hrsg.) (2006): Standardisierung und Zertifizierung beruflicher Qualifikationen in Europa. Bielefeld

Grollmann, Ph./Spöttl, G./Rauner, F. (Hrsg.) (2006): Europäisierung Beruflicher Bildung – eine Gestaltungsaufgabe. (Bildung und Arbeitswelt Bd. 16). Hamburg

Meyer, R. (2006): Besiegelt der Europäische Qualifikationsrahmen den Niedergang des deutschen Berufsbildungssystems? in: bwp@-online, Ausgabe Nr. 11, November 2006, S. 1-19

Severing, E. (2006): Europäische Zertifizierungsstandards in der Berufsbildung. In: ZBW, 102. Jg. S. 15-29

8   Stichwortverzeichnis

(enthält die im Text genannten Schlüsselworte und darüber hinausgehende Stichworte. Die fett gesetzten Begriffe sind im Glossar erläutert)

Analyse und Bewertung von Kompetenzen 6.1
arbeitnehmerorientiertes Coaching 5.4.2
arbeitsbezogenes Lernen 3.1
Arbeitsform/Arbeitsorganisationsform 4.2
arbeitsgebundenes Lernen 3.1
Arbeitsinfrastruktur 4.2
Arbeitnehmerorientierung 5.4.2
arbeitsorientiertes Lernen 2.1; 3.1
arbeitsprozessorientiertes Lernen 2.1
Arbeitsprozess- und Qualifikationsanalysen 4.3
Arbeitsprozesswissen 2,1; 3.3
Arbeits- und Lernaufgaben 3.3.2
Arbeits- und Lernbedingungen 2.2
Arbeits- und Organisationskonzepte 1.1
arbeitsverbundenes Lernen 3.1

Begleitung 5.2
Beratung 5.2
berufliche Entwicklungs- und Aufstiegswege 2.3; 6.2
Berufliche Handlungskompetenz 2.2
Beruflicher Bildungsweg 6.2
Berufliches Handeln 2.3
Berufsprinzip 1.2
Berufs- und Betriebspädagogik 1.2
Beschäftigungsfähigkeit 3.2.3
Betriebliche Bildungsarbeit 1.2
betriebliches Wissen 3.2
Bildungsdienstleister 5.3.

Coaching 4.2; 5.2; 5.3
Communities of Practice (CoP) 2.1; 3.1; 4.2

Deskriptoren 7.1; 7.2
Deutscher Qualifikationsrahmen 7; 7.2
Dezentrale Berufsbildungskonzepte 3.3
dezentrales Lernen 3.3; 3.3.2
Dienstleistungscharakter von Arbeit 1.2

eigenständiges und gleichwertiges Berufsbildungssystem 6.2
Einzel-Coaching 5.2
Erfahrungslernen 2.1; 3.2; 3.3
Erfahrungswissen 3.2
Erschließung und Gestaltung des Arbeitsorts als Lernort 4.3
Europäisches Leistungspunktesystem für die berufliche Bildung 7.1

Europäischer Qualifikationsrahmen (EQR) 7; 7.1

Fachkompetenz 2.2
formelles Lernen 3.2

gesellschaftliche Schlüsselqualifikationen 3.3
Gruppen-Coaching 5.2

Handlungsspielraum 4.1
handlungstheoretischer Ansatz 2.1

implizites Lernen 3.2

individuelle Entwicklung 4.1
informelles Lernen 3.2
IT-Professionals 6.3
IT-Spezialisten 6.3
IT-Weiterbildungssystem 5.3.1; 6.3

Koinzidenz ökonomischer und pädagogischer Vernunft 1.2
Kompetenzanalyse 6.1
Kompetenzen 2.2
Kompetenzentwicklung 2.2
Kompetenzreflektor 6.1
konstruktivistischer Ansatz 2.1
Konvergenz ökonomischer und pädagogischer Vernunft 1.2
Kriterien lern- und kompetenzförderlicher Arbeit 4.1

Lernagentur 5.3.1
Lern-, Arbeits- und Unternehmenskultur 2.3
Lernen durch Arbeitshandeln im realen Arbeitsprozess 3.1
Lernen durch Hospitation und betriebliche Erkundungen 3.1
Lernen durch Instruktion und systematische Unterweisung 3.1
Lernen durch Integration von informellem und formellem Lernen 3.1
Lernen durch Simulation 3.1
Lernen im Prozess der Arbeit 1.1; 5.4.1
Lernform 4.2
Lerninfrastruktur 4.2
Lerninsel 4.3
Lernort 4.3

Lernprozessbegleiter 5.3
Lernprozessbegleitung 5.2; 5.3; **5.4.1**
lernrelevante Dimensionen in der Arbeit 2.3;
  4.1
Lernstation 3.3.1; 4.2
Lernstatt 4.2
lern- und kompetenzförderliche Arbeit 2.3; 4.1
**Lern- und kompetenzförderliche Arbeits-
  gestaltung 4.1**
Lern- und Wissensarten in der Arbeit 3.2

Mentoring 5.2
Methoden 3.3.3
Methodenkompetenz 2.2
Modelle arbeitsbezogenen Lernens 3.1
Module 7.1

operative Professionals 6.3
organisationsbezogene Beratung 5.2
Organisationsentwicklung 1.3; 5.3
Outcome-Orientierung 7.1

Personalentwicklung 1.2; 5.3
Personalkompetenz 2.2
personenbezogene Beratung 5.2
Problem-, Komplexitätserfahrung 4.1
Professionelle Entwicklung 4.1
Profiling 5.3.1
Projektorientierung/vollständige Handlung 4.1
Projekt- und transferorientierte Ausbildung
  (PETRA) 3.3.3
Prozessorientierung moderner Arbeit 1.2; 3.3.3

Qualifikation 2.2
Qualifizierungsnetzwerke 4.2
Qualitätszirkel 4.2

Reflexive Handlungsfähigkeit 2.4; 5.4.2
reflexives Lernen 3.2
Reflexivität 2.4; 4.1; 5.4.2
Renaissance des Lernens in der Arbeit 1.1

Schlüsselqualifikationen 3.3.3
Selbstgesteuertes Lernen 2.1
Selbstreflexivität 2.4
Selbststeuerung 2.1
situiertes Lernen 2.1
Soziale Unterstützung 4.1
Sozialkompetenz 2.2
strategische Professionals 6.3
Strukturationstheorie 2.3; 3.2
strukturelle Reflexivität 2.4
Subjektorientierung 5.4.2

Theoriewissen 3.2

vollständige Handlung/Projektorientierung 4.1

Wandel der Arbeit 1.2
Weiterbildung 1.1
Weiterbildunsbegleitung 5.2
Weiterbildungsberatung 5.2

9 Glossar

(erläutert die im Text genannten Schlüsselwörter, die zugleich als fett gesetzte Begriffe im Stichwortverzeichnis aufgeführt sind)

Arbeitnehmerorientiertes Coaching

Unter arbeitnehmerorientiertem Coaching ist eine spezifische Form des Coachings bzw. der Begleitung zu verstehen, die zur Reflexion und Weiterentwicklung der Kompetenzen und des beruflichen Bildungsweges von Einzelpersonen oder auch von Gruppen eingesetzt wird. Sie ist explizit auf Arbeitnehmerinnen und Arbeitnehmer und deren Qualifizierungs- und Berufsbedarfe gerichtet, wird von professionellen Begleitern angeboten und umfasst eine prozessorientierte, kontinuierliche Begleitung mit einer punktuellen Beratung.

Arbeitsbezogenes Lernen

Arbeitsbezogenes Lernen bezeichnet Lernprozesse, die sich auf Arbeit und Arbeitsprozesse beziehen. Der Begriff ist semantisch weit gefasst und enthält zahlreiche Unterbegriffe wie arbeitsprozessorientiertes und arbeitsplatznahes Lernen. Um das Verhältnis von Arbeitsort und Lernort näher zu kennzeichnen, werden beim arbeitsbezogenen Lernen die Formen des arbeitsgebundenen, arbeitsverbundenen und arbeitsorientierten Lernens unterschieden. Beim arbeitsgebundenen Lernen sind Lernort und Arbeitsort identisch, das Lernen ist an den Arbeitsplatz gebunden. Beim arbeitsverbundenen Lernen sind Lernort und realer Arbeitsplatz getrennt, obwohl zwischen ihnen eine direkte räumliche und organisatorische Verbindung besteht. Arbeitsorientiertes Lernen findet in zentralen Bildungseinrichtungen außerhalb der Arbeit statt.

Arbeits- und Lernaufgaben

Das Arbeits- und Lernaufgaben-Konzept ist von dem ähnlichen Konzept der Lern- und Arbeitsausaufgaben zu unterscheiden, das in Berufsschulen sowie über- und außerbetrieblichen Bildungseinrichtungen eingesetzt wird. Von Arbeits- und Lernaufgaben ist dann zu sprechen, wenn Arbeiten und Lernen über die didaktische Erweiterung realer Arbeitsaufgaben verbunden werden und folgende Kriterien erfüllen:

* die Aufgaben entsprechen ganzheitlichen Arbeits- und Lernvollzügen, in denen fachliche, soziale und personale Kompetenzen erworben werden,
* die Aufgabenbearbeitung erfolgt in hoher Eigenverantwortung und Selbststeuerung der Weiterzubildenden, verbunden mit systematischen Kooperationen untereinander und – soweit aufgrund der Unternehmensgröße sinnvoll – in Gruppenarbeit,
* die Lernprozesse sind arbeits- und erfahrungsbezogen, Erfahrungswissen wird erworben und mit theoretischem Wissen verbunden,
* Fragen der Arbeitsgestaltung und Arbeitsorganisation werden gezielt reflektiert und mit kontinuierlichen Verbesserungsprozessen verbunden,
* Auswahl und Anreicherung von Arbeitsaufgaben erfolgen so, dass sie zur Einlösung der jeweiligen Ziele der Kompetenzentwicklung beitragen.

Arbeits- und Lernbedingungen

Zu den Arbeits- und Lernbedingungen in einem Unternehmen zählen insbesondere die Lern-, Arbeits- und Unternehmenskultur, lernrelevante Dimensionen in der Arbeit und Entwicklungs- und Aufstiegswege. Die Lernkultur eines Unternehmens als Gesamtheit der für das Lernen bedeutsamen Gegebenheiten, Sinn- und Wertgehalte ist in betrieblichen Zusammenhängen immer mit der Arbeits- und Unternehmenskultur verbunden. Zu lernrelevanten Dimensionen zählen u.a. Handlungsspielraum, Problemerfahrung und soziale Unterstützung. Entwicklungs- und Aufstiegswege können vertikal und – angesichts zunehmend flacher Betriebshierarchien – horizontal und diagonal verlaufen.

Begleitung

Der Begriff Begleitung zielt in der Weiterbildung auf eine längerfristige oder kontinuierliche Betreuung und Entwicklung von Lern- und Kompetenzentwicklungsprozessen von Einzelnen oder von Gruppen. In Unternehmen findet diese Begleitung einerseits durch eine unmittelbare Lernprozessbegleitung statt, andererseits durch ein weiter gefasstes, auf die umfassende Kompetenzentwicklung zielendes Coaching. In neuen Weiterbildungskonzepten erfolgen die Lernprozessbegleitung und das Coaching verstärkt am Arbeitsplatz und werden durch formelles Lernen außerhalb der Arbeit ergänzt. Ein zusätzlicher Typ der Begleitung ist das Mentoring, in dem es um die unmittelbare Unterstützung von Karrierewegen junger Mitarbeiter durch Führungskräfte geht.

Beratung/Weiterbildungsberatung

Beratung in der Weiterbildung erfolgt als eine eher begrenzte Information und Auskunft. Im Allgemeinen umfasst sie einen Reflexions- und Rückkopplungsprozess mit den Beratenden und ist nicht standardisiert. In der Weiterbildungsberatung steht die personenbezogene Beratung im Mittelpunkt, die von einer organisationsbezogenen Beratung von Betrieben und Weiterbildungseinrichtungen zu unterscheiden ist.

Die personenbezogene Beratung kann auf eine Lernberatung beschränkt bleiben oder auch eine darüber hinausgehende Kompetenzentwicklungsberatung sein. Die Beratung kann im Vorfeld einer Weiterbildung stattfinden, in einer konkreten Weiterbildungssituation oder auch im Anschluss an eine Weiterbildung. Sie kann sich sowohl auf Einzelpersonen als auch auf Gruppen beziehen.

Berufliche Entwicklungs- und Aufstiegswege

Unter beruflichen Entwicklungs- und Aufstiegswegen sind zwei Richtungen der beruflichen Entwicklung von Beschäftigten zu verstehen: Vertikal geht es um den beruflichen Aufstieg in der Betriebshierarchie, der zumeist mit erweiterter Aufgaben-, Personal- und Budget-Verantwortung verbunden ist. Horizontal und diagonal geht es um Entwicklungen auf der gleichen betrieblichen Hierarchieebene, zumeist verbunden mit erweiterten, zumindest aber veränderten Kompetenzen und Verantwortlichkeiten.

Berufliche Handlungskompetenz

Berufliche Handlungskompetenz ist die Fähigkeit und Bereitschaft in beruflichen Situationen fach-, personal- und sozialkompetent zu handeln und seine Handlungsfähigkeit in beruflicher und gesellschaftlicher Verantwortung weiter zu entwickeln. Unter einer umfassenden beruflichen Handlungskompetenz ist die Einheit von Fachkompetenz, Sozialkompetenz und Personalkompetenz zu verstehen. Andere Kompetenzen, von der Methodenkompetenz über die Lernkompetenz bis zur Sprachkompetenz, sind Teil dieser drei übergeordneten Kompetenzdimensionen bzw. liegen quer dazu.

Beruflicher Bildungsweg

Der Begriff kennzeichnet einen zum gymnasial-akademischen Bildungsgang gleichwertigen Bildungsweg. Dieser setzt zu Beginn der Sekundarstufe II ein und umfasst eine berufliche Ausbildung, eine in der beruflichen Bildung erworbene Hochschulzugangsberechtigung sowie eine anschließende berufliche Weiterbildung, die Abschlüsse im tertiären Bereich eröffnet. In der Sekundarstufe I wird die Entscheidung für diesen Bildungsweg vorbereitet und getroffen.

Berufliches Handeln

Berufliches Handeln konstituiert und entwickelt sich zum einen durch die individuell – an unterschiedlichen Lernorten – erworbene berufliche Handlungskompetenz, zum anderen durch die jeweils bestehenden Produktions-, Arbeits- und Lernbedingungen. Die berufliche Handlungskompetenz und die Produktions-, Arbeits- und Lernbedingungen wirken wechselseitig aufeinander ein.

Berufsprinzip in der Ausbildung

Eine am Berufsprinzip orientierte zukunftsorientierte Berufsausbildung zeichnet sich dadurch aus, dass sie

- auf ein Bündel zusammenhängender Tätigkeiten vorbereitet, das an Qualifikations- und Kompetenzstandards ausgerichtet ist, die in Ausbildungsordnungen dokumentiert sind,
- auf den Erwerb von fachlichen, sozialen und personalen Kompetenzen mit dem Ziel einer umfassenden beruflichen Handlungskompetenz und Handlungsfähigkeit zielt und sich als Grundlage für das selbstständige Weiterlernen versteht,
- einen wesentlichen Beitrag für die gesellschaftliche Integration der Jugendlichen sowie deren spätere soziale und berufliche Absicherung leistet.

Betriebliche Bildungsarbeit

Ein sich zunehmend durchsetzendes weites Verständnis betrieblicher Bildungsarbeit definiert diese als Einheit von Berufs- und Betriebspädagogik, Personalentwicklung und Organisationsentwicklung und wird – wie international gebräuchlich – als Human Ressource Development (HRD) bezeichnet. Dieses Modell umfasst die Gesamtheit aller auf Individuen, Gruppen und die Organisation bezogenen Lernprozesse im Betrieb. Es integriert einerseits nur Teilbereiche der Personal- und Organisationsentwicklung, reicht aber andererseits in seiner berufs- und betriebspädagogischen Anbindung an Qualitäts- und Bildungsstandards, berufliche Aus- und Weiterbildungsgänge sowie an das öffentlich-rechtliche Bildungssystem über diese hinaus.

Erfahrungslernen

Erfahrungslernen ist ein Lernen, das über das Verstehen und bewusste Reflektieren von Erfahrungen erfolgt. Die zugrunde liegenden Erfahrungen sind Ergebnis sinnlicher, emotionaler, sozialer und kognitiver Wahrnehmungen. Es findet dann ein intensives Erfahrungslernen in der Arbeit statt, wenn die Arbeitshandlungen mit Problemen, Herausforderungen und Ungewissheiten für den Arbeitenden verbunden sind und reflektiert werden.

Erschließung und Gestaltung des Arbeitsorts als Lernort

Die Erschließung und Gestaltung des Arbeitsorts als Lernort ist eine Methode zur Etablierung von Lernformen und der gleichzeitigen Einlösung von Kriterien zur lern- und kompetenzförderlichen Arbeitsgestaltung. Für die Erschließung und Gestaltung des Arbeitsplatzes als Lernort ist ein 5-Phasenmodell entwickelt worden:

(1.) Arbeitsprozess- und Qualifikationsanalysen
(2.) Auswahl von Arbeitsplätzen als Lernort
(3.) Herstellung der Arbeits- und Lerninfrastruktur
(4.) Angabe von Lernzielen, Lerninhalten und Methoden
(5.) Gestaltung und Bewertung des Lernorts

Europäischer Qualifikationsrahmen (EQR)

Das im Rahmen der gemeinsamen Bildungspolitik der EU im Jahre 2004 in Maastricht beschlossene „European Qualification Framework" (EQF) umfasst neben der Berufs- und Weiterbildung auch die schulische und Hochschulbildung. Ziel des EQR ist die Beschreibung, Zuordnung und damit Vergleichbarkeit der in den verschiedenen nationalen Bildungssystemen bestehenden Kenntnisse, Fertigkeiten und Kompetenzen, die als Lernergebnisse verstanden werden. Zentrale Merkmale des EQR sind:

- die Outcome-Orientierung, d.h. die Orientierung an den Lernergebnissen
- acht Niveaustufen, in denen die Lernergebnisse über Deskriptoren dargestellt werden
- die Einbeziehung informell erworbener Kompetenzen.

Formelles Lernen

Formelles Lernen ist auf die Vermittlung festgelegter Lerninhalte und Lernziele in organisierter Form gerichtet. Es zielt auf ein angestrebtes bzw. vorgegebenes Lernergebnis und richtet die Lernprozesse didaktisch-methodisch und organisatorisch danach aus. Charakteristisch für formelles Lernen ist, dass

- es in einem organisierten, institutionell abgesicherten Rahmen stattfindet,
- es vorwiegend an didaktisch-methodischen Kriterien orientiert ist,
- Lernziele und Lerninhalte ausgewiesen werden und die Lernergebnisse überprüfbar sind,
- in der Lernsituation in der Regel eine professionell vorgebildete Person anwesend ist und eine pädagogische Interaktion zu den Lernenden besteht.

Implizites Lernen

In der hier vorgenommenen Systematisierung der Lern- und Wissensarten in der Arbeit ist implizites Lernen Teil des informellen Lernens. Das implizite Lernen generiert einen Lernprozess, dessen Verlauf und Ergebnis dem Lernenden nicht bewusst ist und nicht reflektiert wird. Einschlägige Beispiele hierfür sind die Lernprozesse, die zum Schwimmen oder zum Fahrradfahren befähigen. Aber auch die Expertise des Schachmeisters und des erfahrenen Arztes oder Automechanikers erfolgt im Wesentlichen über implizite Lernprozesse. Der eher unbewusste Lernprozess läuft unmittelbar in der Situation ab, ohne dass Regeln und Gesetzmäßigkeiten erkannt oder gar zur Basis von strukturierten Lernprozessen gemacht würden.

Informelles Lernen

Informelles Lernen in der Arbeit ist ein Lernen über Erfahrungen, die in und über Arbeitshandlungen gemacht werden. Informelles Lernen

- ergibt sich aus Arbeits- und Handlungserfordernissen und ist nicht institutionell organisiert,
- bewirkt ein Lernergebnis, das aus Situationsbewältigungen und Problemlösungen folgt,
- wird – soweit es nicht im Rahmen formeller Lernorganisation abläuft – nicht professionell pädagogisch begleitet.

IT-Weiterbildungssystem

Das IT-Weiterbildungssystem basiert auf der im Jahre 2002 erlassenen, bundesweit geltenden IT-Fortbildungsverordnung. Es ermöglicht durchgehende Entwicklungs- und Aufstiegswege bis zu höchsten Berufspositionen und sieht dabei Äquivalenzen zu Studienabschlüssen auf Bachelor- und Masterebene vor. Die Weiterbildung erfolgt vorrangig über das Lernen und den Kompetenzerwerb in der Arbeit. Absolventen der neuen IT-Ausbildungsberufe sowie Seiten- und Wiedereinsteiger haben Zugang zu diesem System. Es untergliedert sich in drei gestufte Weiterbildungsebenen, denen die Berufsprofile der „Spezialisten" und darauf aufbauend die Fortbildungsberufe der „operativen Professionals" und der „strategischen Professionals" zugeordnet sind.

Kompetenzanalyse

Der Begriff bezeichnet Verfahren und Instrumente, die Kompetenzen identifizieren, erfassen, analysieren und bewerten, wie z.B. Kompetenzbilanz, Kompetenzbeurteilung, Kompetenzmessung, Kompetenzbewertung und Kompetenzzertifizierung. Kompetenzanalysen kommen sowohl in der Arbeits- als auch in der Lebenswelt, sowohl in der allgemeinen als auch in der beruflichen Bildung zum Einsatz. Prinzipiell ermöglichen sie eine Dokumentation, einen Vergleich und eine wechselseitige Anerkennung von Kompetenzen, die in unterschiedlichen Lebens- und Arbeitsbereichen erworben werden. Der Analyse und Anerkennung informell erworbener Kompetenzen kommt dabei eine besondere Bedeutung zu.

Kompetenzen

Unter Kompetenzen sind Fähigkeiten, Kenntnisse, Methoden, Wissen, Einstellungen und Werte zu verstehen, deren Erwerb, Entwicklung und Verwendung sich auf die gesamte Lebenszeit eines Menschen bezieht. Sie sind an das Subjekt und seine Befähigung zu eigenverantwortlichem Handeln gebunden. Der Kompetenzbegriff umfasst Qualifikationen und nimmt in seinem Subjektbezug elementare bildungstheoretische Ziele und Inhalte auf.

Kompetenzentwicklung

Kompetenzentwicklung wird vom Subjekt her, von seinen Fähigkeiten und Interessen in handlungsorientierter Absicht bestimmt. Die Herausbildung von Kompetenzen erfolgt durch lebensbegleitende individuelle Lern- und Entwicklungsprozesse und unterschiedliche Formen des Lernens in der Arbeits- und Lebenswelt. Kompetenzentwicklung ist ein aktiver Prozess, der von Individuen weitgehend selbst gestaltet wird und in starkem Maße selbstgesteuertes Lernen erfordert.

Kompetenzreflektor

Der Kompetenzreflektor ist ein Analyseverfahren, das Kompetenzentwicklung und reflexive Handlungsfähigkeit in dem im Kapitel 2 dargelegten Verständnis erfassen will. Er wurde für Arbeitnehmer sowie Betriebs- und Personalräte entwickelt, um ihnen die Möglichkeit zu geben, den individuellen Reflexionsprozess zu fördern, die eigenen Kompetenzen bewusst zu machen, die persönlichen Chancen am Arbeitsmarkt zu erhöhen und ggf. gezielt eine berufliche Neu- oder Umorientierung vorzunehmen. Der Kompetenzreflektor orientiert sich an den folgenden fünf Schritten, die den Weg der Analyse, Reflexion und Bewertung begleiten: Erinnern, Sammeln, Analysieren, Ziele formulieren und Konsequenzen ziehen.

Kriterien lern- und kompetenzförderlicher Arbeit

Folgende Kriterien, an denen sich sowohl die Analyse des Lernens und der Lernmöglichkeiten in der Arbeit als auch eine lern- und kompetenzförderliche Gestaltung von Arbeitsumgebungen orientieren können, sind für die Berufsbildung und betriebliche Weiterbildung von vorrangiger Bedeutung:

- Vollständige Handlungs-/Projektorientierung
- Handlungsspielraum
- Problem-/Komplexitätserfahrung
- Soziale Unterstützung/ Kollektivität
- Individuelle Entwicklung
- Professionelle Entwicklung
- Reflexivität.

Lernen im Prozess der Arbeit

Mit der Einführung neuer Arbeits- und Organisationskonzepte seit den 1980er Jahren gewinnt das Lernen in der Arbeit wachsende Bedeutung für betriebliche Arbeits-, Verbesserungs- und Innovationsprozesse. Für Berufsbildung und betriebliche Weiterbildung bietet das Lernen in modernen Arbeitsprozessen neue Qualifikations- und Bildungsmöglichkeiten jenseits des für die Industriegesellschaft vorherrschenden Taylorismus. Auch wenn das berufliche Lernen in zentralen Bildungseinrichtungen wichtig und für ein komplexes Lernen unerlässlich bleibt, können Betriebs- und Arbeitsrealitäten dadurch nicht ersetzt werden. Beruflich hinreichend kompetentes Handeln ist nur in der Lernortkombination von Lernorten in der Arbeit und Lernorten außerhalb der Arbeit zu erlangen.

Lernform

Lernformen als Lernorganisationsformen beziehen sich vorrangig auf die organisatorisch-strukturelle Seite des Lernens. Es wird ein bewusster Rahmen geschaffen, der das Lernen – zumeist unter didaktisch-methodischen Gesichtspunkten – unterstützt, fordert und fördert.

Neben herkömmlichen Lernformen wie Unterricht und Seminar treten in Verbindung mit neuen Arbeits- und Organisationskonzepten verstärkt neue Lernformen in der Arbeit wie Coaching, Lerninseln und Arbeits- und Lernaufgaben auf.

Lerninsel

Die Lerninsel ist eine arbeitsgebundene Lern- und Qualifizierungsform, die seit ihrer Einführung in den 1990er Jahren eine starke Verbreitung und auch Differenzierung erfährt. Sie ist durch folgende Merkmale charakterisiert:

- Lerninseln sind mit Lernausstattungen angereicherte Arbeitsplätze, an denen reale Arbeitsaufgaben bearbeitet werden und eine Qualifizierung stattfindet
- die Arbeitsaufgaben sind lernhaltig und eignen sich zur berufs- und arbeitspädagogischen Reflexion
- in der Lerninsel wird in der Gruppe gearbeitet, wobei diese Organisationsform nach den Prinzipien teilautonomer Gruppenarbeit strukturiert ist und eine Rotation in der Aufgabenwahrnehmung vorsieht
- Lerninseln werden von einer Fachkraft der jeweiligen Betriebsabteilung betreut, der vorrangig die Rolle eines Prozess- und Entwicklungsbegleiters zukommt und die pädagogisch qualifiziert ist
- Lerninseln sollen auch als Innovationsstätten im Arbeitsprozess fungieren, vor allem für Innovationen in arbeitsorganisatorischen, sozialen und methodischen Zusammenhängen.

Lernprozessbegleitung

Unter Lernprozessbegleitung wird in neuen Weiterbildungskonzepten die direkte personelle Unterstützung von Lernenden verstanden. Sie erfolgt größtenteils am Arbeitsplatz und wird zumeist durch Lernen außerhalb der Arbeit ergänzt. Lernprozessbegleitung fordert und fördert Lern- und Veränderungsprozesse und hat reflektierende und optimierende Funktionen. Sie integriert formelles und informelles Lernen und trägt zumeist zu einer über das Lernen hinausgehenden Begleitung der Kompetenzentwicklung bei, auch wenn der Schwerpunkt im Unterschied zum Coaching in der Begleitung des Lernens liegt.

Lern- und kompetenzförderliche Arbeitsgestaltung

Die lern- und kompetenzförderliche Arbeitsgestaltung umfasst Kriterien und Konzepte, die seit den 1980er Jahren entwickelt und erprobt worden sind:

- Kriterien lern- und kompetenzförderlicher Arbeit
- Arbeiten und Lernen verbindende Lernformen
- Lernprozessbegleitung in der Arbeit
- betriebliche Entwicklungs- und Aufstiegswege

Modelle arbeitsbezogenen Lernens

Betrachtet man das arbeitsbezogene Lernen unter lernorganisatorischen und didaktisch-methodischen Gesichtspunkten, so lassen sich – typologisch betrachtet – fünf Modelle unterscheiden, denen unterschiedliche Konzepte und Lernformen zuzuordnen sind:

- Lernen durch Arbeitshandeln im realen Arbeitsprozess
- Lernen durch Instruktion, systematische Unterweisung am Arbeitsplatz
- Lernen durch Integration von informellem und formellem Lernen
- Lernen durch Hospitationen sowie durch Erkundungen
- Lernen durch Simulation von Arbeitsprozessen.

Reflexive Handlungsfähigkeit

Reflexive Handlungsfähigkeit in der Arbeit heißt, sowohl über die Strukturen und Umgebungen als auch über sich selbst im Prozess der Vorbereitung, Durchführung und Kontrolle von Arbeitsaufgaben zu reflektieren. Reflexivität meint die bewusste, kritische und verantwortliche Einschätzung und Bewertung von Handlungen auf der Basis eigener Erfahrungen und verfügbaren Wissens. Dabei geht es gleichermaßen um eine auf die Umgebung gerichtete strukturelle Reflexivität als auch um eine auf das Subjekt gerichtete Selbst-Reflexivität. In prinzipieller Erweiterung der beruflichen Handlungskompetenz stellt die reflexive Handlungsfähigkeit ein Handlungsvermögen dar, das sich prinzipiell aus den sich wechselseitig bedingenden Faktoren einer umfassenden beruflichen Handlungskompetenz, Arbeits- und Lernbedingungen und individuellen Dispositionen zusammensetzt.

Reflexives Lernen

In der hier vorgenommenen Systematisierung der Lern- und Wissensarten in der Arbeit ist reflexives Lernen Teil des informellen Lernens. Beim reflexiven Lernen werden Erfahrungen in Reflexionen eingebunden und führen zur Erkenntnis. Dies setzt in der Regel allerdings voraus, dass die Handlungen nicht repetitiv erfolgen, sondern mit Problemen, Herausforderungen und Ungewissheiten verbunden sind. In sich ändernden Arbeitsprozessen und Umwelten ist dies im Allgemeinen der Fall.

Renaissance des Lernens in der Arbeit

Mit veränderten Arbeits- und Organisationskonzepten vor dem Hintergrund des Übergangs von der Industriegesellschaft in die Wissens- und Dienstleistungsgesellschaft ist von einer Renaissance des Lernens in der Arbeit insofern zu sprechen, als diese Art des Lernens historisch zum Arbeitsleben gehörte und erst mit industriell und tayloristisch organisierten Arbeitsstrukturen zunehmend an Bedeutung verlor, um nun wiederzukehren.

Selbstgesteuertes Lernen

Unter selbstgesteuertem Lernen wird die selbstständige und selbstbestimmte Steuerung von Lernprozessen verstanden. Die Lernenden bestimmen Ziele und Inhalte des Lernprozesses in einem bestimmten Rahmen weitgehend selbstständig, ebenso wie die Methoden, Instrumente und Hilfsmittel zur Regulierung des Lernens. Der Handlungsrahmen bzw. die übergeordnete strukturelle Einordnung der jeweiligen Lernsituation in Arbeitsabläufe und -prozesse ist dabei allerdings vorgegeben bzw. erfolgt unter arbeitsökonomischen Kriterien. Im Hinblick auf den Rahmen und die Umgebung handelt es sich beim selbstgesteuerten Lernen nicht um ein autonomes Lernen, sondern um die zielgerichtete Auswahl und Bestimmung von Lernmöglichkeiten und Lernwegen.

Wandel der Arbeit

Der Wandel der Arbeit in der postindustriellen Gesellschaft ist vor allem durch drei Megatrends gekennzeichnet:

(1.) Der wachsende Einfluss der Informations- und Kommunikationstechnologien wirkt in zweifacher Weise auf die Arbeit: Zum einen ist die rechnergestützte Arbeit zur Normalarbeit geworden, d.h. Computer und Computersysteme sind notwendiges, selbstverständliches Arbeitsmittel. Zum anderen ist die vernetzte rechnerintegrierte Organisation zum Normalsystem in der Betriebs- und Arbeitskoordination geworden.

(2.) Der wachsende Dienstleistungscharakter der Arbeit schlägt sich nicht nur in separaten Dienstleistungen nieder, sondern auch in der Integration von Dienstleistungen in die angestammte Arbeit. Zu unterscheiden ist zwischen den Dienstleistungen nach außen, also gegenüber dem herkömmlichen Kunden, und Dienstleistungen nach innen, der Organisation der Beziehungen zu vor- und nachgeschalteten Einheiten als Dienstleistungsverhältnis.

(3.) Die wachsende Lern- und Prozessorientierung moderner Arbeit ist mit der Verbreitung der Informations- und Kommunikationstechnologien, der Abnahme manueller und der Zunahme wissensbasierter und dienstleistungsorientierter Arbeitstätigkeiten verbunden. Gegenüber einer überkommenen arbeitsteiligen, funktionsorientierten Betriebs- und Arbeitsorganisation setzt sich zunehmend eine prozess- und lernorientierte Organisation durch.

10 Literaturverzeichnis

Abel, H. (1968): Berufserziehung und beruflicher Bildungsweg. Hg. Stratmann, K. Braunschweig

Achtenhagen, F. (1990): Vorwort. In: Senatskommission für Berufsbildungsforschung (Hg.): Berufsbildungsforschung an den Hochschulen der Bundesrepublik Deutschland: Situation, Hauptaufgaben, Förderungsbedarf. Weinheim

Ant, M. (2004): Die Auswirkung von Kompetenzanalysen auf das Selbstwertgefühl von Arbeitslosen. Theoretische Begründung und empirische Überprüfung eines Modells zur beruflichen Wiedereingliederung. Luxemburg

Arnold, R. (1997): Betriebspädagogik. Zweite, überarbeitete und erweiterte Auflage, Berlin

Arnold, R./Steinbach, S. (1998): Auf dem Weg zur Kompetenzentwicklung? Rekonstruktionen und Reflexionen zu einem Wandel der Begriffe. In: Markert, W. (Hg.): Berufs- und Erwachsenenbildung zwischen Markt und Subjektbildung. Baltmannsweiler, S. 22–32

Baethge, M./Baethge-Kinsky, V. (2004): Der ungleiche Kampf um das lebenslange Lernen: Eine Repräsentativ-Studie zum Lernbewusstsein und -verhalten der deutschen Bevölkerung. In: edition QUEM. Studien zur beruflichen Weiterbildung im Transformationsprozess, hrsg. von der Arbeitsgemeinschaft Betriebliche Weiterbildungsforschung e.V., Band 18. Münster u.a.

Baethge, M./Schiersmann, Chr. (1998): Prozeßorientierte Weiterbildung – Perspektiven und Probleme eines neuen Paradigmas der Kompetenzentwicklung für die Arbeitswelt der Zukunft. In: Arbeitsgemeinschaft Betriebliche Weiterbildungsforschung e.V. (Hg.): Kompetenzentwicklung '98: Forschungsstand und Perspektiven. Münster u.a., S. 11–87

Bender, W. (1991). Subjekt und Erkenntnis. Über den Zusammenhang von Bildung und Lernen in der Erwachsenenbildung, Weinheim

Bergmann, B. (1996): Lernen im Prozeß der Arbeit. In: Arbeitsgemeinschaft Qualifikations-Entwicklungs-Management Berlin (Hg.): Kompetenzentwicklung '96: Strukturwandel und Trends in der betrieblichen Weiterbildung. Münster u.a., S. 153–262

BIBB (Bundesinstitut für Berufsbildung) (1988) (Hg.): Leittexte in der Ausbildungspraxis. Tagungsmaterial. Berlin

Björnavold, J. (2001): Lernen sichtbar machen. Luxembourg

BMBF (Bundesministerium für Bildung und Forschung) (Hg.) (2002): IT-Weiterbildung mit System. Neue Perspektiven für Fachkräfte und Unternehmen. (BMBF PUBLIK). Bonn

BMBF (Bundesministerium für Bildung und Forschung) (2004): Machbarkeitsstudie im Rahmen des BLK-Verbundprojektes „Weiterbildungspass mit Zertifizierung informellen Lernens". Berlin

BMBW (Bundesminister für Bildung und Wissenschaft) (1993): Berufsbildungsbericht 1993. Bonn

Böning, U. (2000): Coaching: Der Siegeszug eines Personalentwicklungs-Instruments. Eine 10-Jahres-Bilanz. In: Rauen, Ch. (Hg.), a.a.O., S. 17–39

Bolder, u.a. (Hrsg.) (1996): Die Wiederentdeckung der Ungleichheit. Aktuelle Tendenzen in Bildung und Arbeit. Jahrbuch '96 Bildung und Arbeit. Opladen

Borretty, R. (1997): Evaluierung des Konzepts „Projekt- und transferorientierte Ausbildung (Petra)" der Siemens AG. Aachen

Borretty, R./Fink, R./Holzapfel, H./Klein, U. (1988): PETRA. Projekt- und transferorientierte Ausbildung. Grundlagen, Beispiele, Planungs- und Arbeitsunterlagen. Berlin und München

Bretschneider, M. (2005): Begleitung und Beratung beruflicher Entwicklungen. Eine Expertise des Projektes „Kompetenzentwicklung in vernetzten Lernstrukturen". Manuskriptdruck, Helmut-Schmidt-Universität Hamburg

Bülow-Schramm, M. (2006): Qualitätsmanagement in Bildungseinrichtungen. (Studienreihe Bildungs- und Wissensmanagement, Bd. 6). Münster

Bundesverband der Deutschen Industrie u.a. (1992): Differenzierung – Durchlässigkeit – Leistung. Bonn

Clement, U./Lacher, M. (Hg.) (2006): Produktionssysteme und Kompetenzerwerb. Zu den Veränderungen moderner Arbeitsorganisation und ihren Auswirkungen auf die berufliche Bildung. Stuttgart

Clement, U./Le Mouillour, I./Walter, M. (Hrsg.) (2006): Standardisierung und Zertifizierung beruflicher Qualifikationen in Europa. Bielefeld

Collins, A./Brown, J. S./Newmann, S. E. (1989): Cognitive apprenticeship: Teaching the crafts of reading, writing and mathematics. In: Resnick, L. B. (Hg.): Knowing, learning and instruction. Hillsdale, S. 453–494

Debener, S./Siehlmann, G. (1992): Lernorientiertes Arbeiten – Arbeitsorientiertes Lernen. In: Dehnbostel, P. u.a. (Hg.), a.a.O., S. 273–284

Dehnbostel, P. (1992): Ziele und Inhalte dezentraler Berufsbildungskonzepte. In: Dehnbostel, P./Holz, H./Novak, H. (Hg.), a.a.O., S. 9–24

Dehnbostel, P. (2001a): Perspektiven für das Lernen in der Arbeit. In: AG QUEM (Hg.): Kompetenzentwicklung 2001. Tätigsein – Lernen – Innovation. Münster u.a., S. 53–93

Dehnbostel, P. (2001b): Essentials einer zukunftsorientierten Lernkultur aus betrieblicher Sicht. In: AG QUEM (Hg.): Arbeiten und Lernen – Lernkultur Kompetenzentwicklung und Innovative Arbeitsgestaltung. QUEM-Report, Heft 67, S. 81–90

Dehnbostel, P. (2003a): Das IT-Weiterbildungssystem im historischen Kontext des beruflichen Bildungsweges. In: Dehnbostel, P. u.a. (Hg.): Perspektiven moderner Berufsbildung. E-Learning, Didaktische Innovationen. Modellhafte Entwicklungen. Bielefeld, S. 253–267

Dehnbostel, P. (2003b): Neue Konzepte zum Lernen im Prozess der Arbeit: Den Arbeitsplatz als Lernort erschließen und gestalten. In: GdWZ 13, Heft 1, S. 5–9

Dehnbostel, P. (2005): Lernorte in der beruflichen Weiterbildung und IT-Fortbildung: Differenzierung, Pluralisierung und Entgrenzung. In: Weiterbildung – Zeitschrift für Grundlagen, Praxis und Trends, 15(2005)5, S. 8–11

Dehnbostel, P./Peters, S. (Hg.) (1991): Dezentrales und erfahrungsorientiertes Lernen im Betrieb. Alsbach/Bergstraße

Dehnbostel, P./Harder, D. (2004): Vom Bildungsträger zur Lernagentur – beispielhaft dargestellt für Dienstleistungen in der IT-Branche. In Meyer, R. u.a. (Hg.), a.a.O., S. 179–192

Dehnbostel, P./Pätzold, G. (2004): Lernförderliche Arbeitsgestaltung und die Neuorientierung betrieblicher Bildungsarbeit. In: Dieselben (Hg.): Innovationen und Tendenzen der betrieblichen Berufsbildung. (ZBW, Beiheft 18). Stuttgart, S. 19–30

Dehnbostel, P./Holz, H./Novak, H. (Hg.) (1992): Lernen für die Zukunft durch verstärktes Lernen am Arbeitsplatz – Dezentrale Aus- und Weiterbildungskonzepte in der Praxis. Berlin

Dehnbostel, P. u.a. (2001): Mitten im Arbeitsprozess: Lerninseln. Hintergründe – Konzeption – Handlungsanleitung. Bielefeld

Dehnbostel, P./Molzberger, G./Overwien, B. (2003): Informelles Lernen in modernen Arbeitsprozessen – dargestellt am Beispiel von Klein- und Mittelbetrieben in der IT-Branche. Berlin

Deutscher Ausschuss für das Erziehungs- und Bildungswesen (1966): Empfehlungen und Gutachten 1953–1965. Gesamtausgabe. Stuttgart

Deutscher Bildungsrat (1970): Empfehlungen der Bildungskommission. Strukturplan für das Bildungswesen. Bonn

Deutscher Bildungsrat (1974): Empfehlungen der Bildungskommission. Zur Neuordnung der Sekundarstufe II. Konzept für eine Verbindung von allgemeinem und beruflichem Lernen. Bonn

Dewey, J. (1910/1951): Wie wir denken. Zürich

Dewey, J. (1993): Demokratie und Erziehung. Eine Einleitung in die philosophische Pädagogik. Weinheim und Basel

Dohmen, G. (2001): Das informelle Lernen. Die internationale Erschließung einer bisher vernachlässigten Grundform menschlichen Lernens für das lebenslange Lernen aller. Bonn

Döring, O./Mohr, B. (2002): Der Wandel vom Bildungsträger zum Bildungsdienstleister. – Welche Aufgaben stellen sich, welche Veränderungen sind erforderlich, welche Lösungsansätze sind erfolgreich? – Erfahrungen aus erster Hand. Dokumentation des 4. BIBB-Fachkongresses 2002: Berufsbildung für eine globale Gesellschaft – Perspektiven im 21. Jahrhundert

Dörre, K./Pickshaus, K./Salm, R. (2001): Re-Taylorisierung. Arbeitspolitik contra Marktsteuerung. Hamburg

Drexel, I. (2006): Europäische Berufsbildungspolitik: Deregulierung, neoliberale Regulierung und die Folgen – für Alternativen zu EQR und ECVET. In: Grollmann, Ph./Spöttl G./ Rauner, F. (Hg.): Europäisierung Beruflicher Bildung – eine Gestaltungsaufgabe. Hamburg, S. 13–33

Drexel, I./Welskopf, R. (1994): Lernen im Arbeitsprozess, seine Voraussetzungen, Potentiale und Grenzen – das Beispiel der ostdeutschen Betriebe. In: Zeitschrift für Sozialisationsforschung und Erziehungssoziologie, Heft 4, S. 294–318

Dreyfus, H. L./Dreyfus, St. E. (1987): Künstliche Intelligenz. Von den Grenzen der Denkmaschine und dem Wert der Intuition. Reinbek bei Hamburg

Dybowsky, G. u.a. (1994): Ein Weg aus der Sackgasse – Plädoyer für ein eigenständiges und gleichwertiges Berufsbildungssystem. In: Berufsbildung in Wissenschaft und Praxis 23 (1994) 6, S. 3–7

Dybowski, G. u.a. (1999): Betriebliche Innovations- und Lernstrategien. Implikationen für berufliche Bildungs- und betriebliche Personalentwicklungsprozesse. Bielefeld

Ehrke, M. (2004): Zukunft der beruflichen Weiterbildung – das Beispiel IT. In: Meyer, R. u.a. (Hg.), a.a.O., S. 107–123

Ehrke, M. u.a. (1992): Computerorientiertes Lernen bei AUDI für die rechnerintegrierte Fabrik. In: Dehnbostel, P. u.a. (Hg.): Lernen für die Zukunft durch verstärktes Lernen am Arbeitsplatz. Dezentrale Aus- und Weiterbildungskonzepte in der Praxis. Berlin, S. 95–116

Elsholz, U. (2002): Kompetenzentwicklung zur reflexiven Handlungsfähigkeit. In: Dehnbostel, P. u.a. (Hg.): Vernetzte Kompetenzentwicklung. Alternative Positionen zur Weiterbildung. Berlin, S. 31–43

Elsholz, U. (2004): Ein Ansatz qualitativer Berufsbildungsforschung zur Untersuchung betriebs- und arbeitnehmerorientierter Netzwerke. In: Dehnbostel, P./Pätzold, G. (Hg.): Innovationen und Tendenzen der betrieblichen Berufsbildung. Zeitschrift für Berufs- und Wirtschaftspädagogik, Beiheft 18, S. 232–241

Erpenbeck, J./Heyse, V. (1996). Berufliche Weiterbildung und berufliche Kompetenzentwicklung. In: Arbeitsgemeinschaft Qualifikations-Entwicklungs-Management Berlin (Hg.): Kompetenzentwicklung '96: Strukturwandel und Trends in der betrieblichen Weiterbildung. Münster, S. 15–152

Erpenbeck, J./Rosenstiel Lutz v. (2003): Handbuch Kompetenzmessung. Erkennen, verstehen und bewerten von Kompetenzen in der betrieblichen, pädagogischen und psychologischen Praxis.

Euler, D./Lang, M./Pätzold, G. (Hg.) (2006): Selbstgesteuertes Lernen in der beruflichen Bildung. Zeitschrift für Berufs- und Wirtschaftspädagogik, Beiheft 20. Stuttgart

Faulstich, P. (1996): Qualifikationsbegriffe und Personalentwicklung. In: Zeitschrift für Berufs- und Wirtschaftspädagogik 92 (1996) 4, S. 366–379

Faulstich, P./Vespermann, P. (2001): Zertifikate in der Weiterbildung – Ergebnisse aus drei empirischen Explorationen. Schriftenreihe der Senatsverwaltung für Arbeit, Soziales und Frauen, Heft 45. Berlin

Fink, R. (2003): Prozessorientierung in der Ausbildung mit PETRA[plus.] Erweiterung des PETRA-Konzeptes zur Projekt- und Transferorientierten Ausbildung um die Prozessorientierung und die Ausbildung als Teil eines lernenden Unternehmens. Erlangen

Fischer, M. (1996): Überlegungen zu einem arbeitspädagogischen und -psychologischen Erfahrungsbegriff. In: Zeitschrift für Berufs- und Wirtschaftspädagogik, 92 (1966), S. 227–244

Fischer, M./Rauner, F. (Hg.)(2006): Lernfeld Arbeitsprozess. Ein Studienbuch zur Kompetenzentwicklung von Fachkräften in gewerblich-technischen Aufgabenbereichen. Baden-Baden

Fischer, M./Stuber, F./Uhlig-Schoenian, J. (2002): Arbeitsprozeßbezogene Ausbildung und Folgerungen für die Organisationsentwicklung beruflicher Schulen. In: Dehnbostel, P. u.a. (Hg.): Berufliche Bildung im lernenden Unternehmen. Zum Zusammenhang von betrieblicher Reorganisation, neuen Lernkonzepten und Persönlichkeitsentwicklung. Berlin, 2. Auflage, S. 155–172

Flüter-Hoffmann, Chr. (2002): Weiterbildung und Reorganisation – Kooperation von Bildungsanbietern und Betrieben. In: Schlaffke, W./Weiß, R. (Hg.): Lernen und Arbeiten – Neue Wege der Weiterbildung. Köln, S. 250–273

Franke, G. (1999): Erfahrung und Kompetenzentwicklung. In: Dehnbostel, P./Markert, W./Novak. H.(Hg.). Erfahrungslernen in der beruflichen Bildung – Beiträge zu einem kontroversen Konzept. Neusäß, S. 54–70

Franke, G./Kleinschmitt, M. (1987): Der Lernort Arbeitsplatz. Berlin, Köln

Frieling, E. u.a. (2006): Lernen in der Arbeit. Entwicklung eines Verfahrens zur Bestimmung der Lernmöglichkeiten am Arbeitsplatz. Münster u.a.

Georg, W. (1996): Lernen im Prozeß der Arbeit. In: Dedering, H. (Hg.): Handbuch zur arbeitsorientierten Bildung. München, S. 637–659

Gerstenmaier, J./Mandl, H. (1995): Wissenserwerb unter konstruktivistischer Perspektive. In: Z.f.Päd., Jg. 41, Heft 6, S. 867–882

Gieseke-Schmelzle, W. (1985): Erfahrungsorientierte Lernprozesse. In: Raapke, H.-D./Schulenberg, W. (Hg.): Didaktik der Erwachsenenbildung. Stuttgart u.a., S. 74–92

Gillen, J. (2004): Kompetenzanalysen in der betrieblichen Bildung – betriebspädagogische Bezüge und Gestaltungsaspekte. In: Dehnbostel, P./Pätzold, G. (Hg.): Innovationen und Tendenzen der betrieblichen Berufsbildung. ZBW, Beiheft 18. Stuttgart, S. 76–85

Gillen, J. (2005): Kompetenzanalysen – eine Positionierung aus arbeitnehmerorientierter Perspektive. In: Gillen, J. u.a. (Hg.): Kompetenzentwicklung in vernetzten Strukturen. Konzepte arbeitnehmerorientierter Weiterbildung. Bielefeld, S. 45–56

Gillen, J. (2006): Kompetenzanalysen als berufliche Entwicklungschance. Eine Konzeption zur Förderung beruflicher Handlungskompetenz. Bielefeld

Gillen, J./Linderkamp, R. (2007): Arbeitnehmerorientiertes Coaching – ein Ansatz zur Begleitung und Beratung beruflicher Entwicklungen. In: Dehnbostel, P./Lindemann, H.-J./Ludwig, Chr. (Hg.): Lernen im Prozess der Arbeit in Schule und Beruf. Münster u.a., S. 233–246

Gillen, J. u.a. (Hg.) (2005): Kompetenzentwicklung in vernetzten Strukturen. Konzepte arbeitnehmerorientierter Weiterbildung. Bielefeld

Gnade, A. u.a. (2002): Betriebsverfassungsgesetz. Basiskommentar, 10. neubearb. Aufl., Frankfurt am Main

Gnahs, D. (2007): Kompetenzen – Erwerb, Erfassung, Instrument. Studientexte Erwachsenenbildung. Bielefeld

Goltz, M. (1999): Betriebliche Weiterbildung im Spannungsfeld von tradierten Strukturen und kulturellem Wandel. München und Mering

Gonon, Ph. (2002): Arbeit, Beruf und Bildung. Bern/Schweiz

Grollmann, Ph./Spöttl, G./Rauner, F. (Hrsg.) (2006): Europäisierung Beruflicher Bildung – eine Gestaltungsaufgabe. (Bildung und Arbeitswelt Bd. 16). Hamburg

Grünewald, U. u.a. (1998): Formen arbeitsintegrierten Lernens. Möglichkeiten und Grenzen der Erfassbarkeit informeller Formen der betrieblichen Weiterbildung. In: AG QUEM (Hg.): QUEM-Report, Heft 53

Hacker, W./Skell, W. (1993): Lernen in der Arbeit. Berlin und Bonn

Heid, H. (1999): Über die Vereinbarkeit individueller Bildungsbedürfnisse und betrieblicher Qualifikationsanforderungen. In: Zeitschrift für Pädagogik, 45 (1999) 2, S. 231-244

Heid, H./Harteis, Chr. (2004): Zur Vereinbarkeit ökonomischer und pädagogischer Prinzipien in der modernen betrieblichen Personal- und Organisationsentwicklung. In: Dehnbostel, P./Pätzold, G. (Hg.): Innovationen und Tendenzen der betrieblichen Berufsbildung. Zeitschrift für Berufs- und Wirtschaftspädagogik, Beiheft 18. Stuttgart, S. 222-231

Heidemann, W. (2001): Weiterbildung in Deutschland. Daten und Fakten. (Hans Böckler Stiftung, Arbeitspapier 36). Düsseldorf

Herdt, U. (2004): Thesen zur Berufs- und Weiterbildungsberatung. In: Gewerkschaftliche Bildungspolitik. Heft 3, S. 33-36

Holz, H. (1999): Lerninsel. In: Kaiser, F.-J./Pätzold, G. (Hg.): Wörterbuch Berufs- und Wirtschaftspädagogik. Bad Heilbrunn und Hamburg, S. 283-285

Holzapfel, G. (2006): Erfahrungsbezogene Didaktik. In: Loseblattsammlung GdW-Ph 64 Juni 2006; Neuwied, Abschnitt 6.30.20, S. 1-25

IT-Fortbildungsverordnung (2002): Verordnung über die berufliche Fortbildung im Bereich der Informations- und Telekommunikationstechnik. In: BGBl I, S. 1547

Jacobs, R. (1999): Structured On-the-Job Training in the U.S. In: Dehnbostel, P./Markert, W./Novak, H. (Hg.): Erfahrungslernen in der beruflichen Bildung – Beiträge zu einem kontroversen Konzept. Neusäß, S. 281-294

Kailer, N. (2002): Entwicklungstrends in der betrieblichen Personalentwicklung führen zu neuen Anforderungen an Führungskräfte und PE-Experten. Vom Seminarwesen zur arbeitsintegrierten Kompetenzentwicklung. In: Grundlagen der Weiterbildung Zeitschrift, 13 (2002) 1, S. 34-37

Kern, H./Schumann, M. (1984): Das Ende der Arbeitsteilung? München

Kerschensteiner, G. (1933): Theorie der Bildungsorganisation. Leipzig und Berlin

Klein, U. (1986): Weiterbildung von Ausbildern in der „Projekt- und transferorientierte Ausbildung PETRA" bei Siemens. In: BWP 15, Heft 5, S. 150-157

Klein, U. (1990) (Hg.): PETRA. Projekt- und transferorientierte Ausbildung. Grundlagen, Beispiele, Planungs- und Arbeitsunterlagen. 2., wesentl. überarb. u. erg. Aufl., Berlin und München

Klieme, E. u.a. (2003): Expertise zur Entwicklung nationaler Bildungsstandards, hrsg. vom Bundesministerium für Bildung und Forschung (BMBF), Berlin

Koch, J./Meerten, E. (2003): Prozessorientierte Qualifizierung – ein Paradigmenwechsel in der beruflichen Bildung. In: BWP 32, Heft 5, S. 42-47

KomNetz (Kompetenzentwicklung in vernetzten Lernstrukturen) (2006): Glossar. 3. überarbeitete und erweiterte Auflage. Manuskriptdruck, Hamburg

Kohl, M./Molzberger, G. (2005): Lernen im Prozess der Arbeit – Überlegungen zur Systematisierung betrieblicher Lernformen in der Aus- und Weiterbildung. In: Zeitschrift für Berufs- und Wirtschaftspädagogik, H. 3, S. 349-363

Kommission der Europäischen Gemeinschaften (2007): Ein kohärenter Indikator- und Benchmark-Rahmen zur Beobachtung der Fortschritte bei der Erreichung der Lissabon-Ziele im Bereich der allgemeinen und beruflichen Bildung. Brüssel, den 21.2.2007

Kommission der Europäischen Gemeinschaften (2006a): Das Lissabon-Programm der Gemeinschaft umsetzen. Vorschlag für eine Empfehlung des Europäischen Parlaments und des Rates zur Einrichtung eines Europäischen Qualifikationsrahmens für lebenslanges Lernen. Brüssel, den 5.9.2006

Kommission der Europäischen Gemeinschaften (2006b): Das europäische Leistungspunktesystem für die Berufsbildung (ECVET). Ein europäisches System für die Übertragung,

Akkumulierung und Anerkennung von Lernleistungen im Bereich der Berufsbildung. Arbeitsdokument der Kommissionsdienststellen. Brüssel, den 31.10.2006

Krogoll, T./Großmann, N. (2007): GALA-Lernaufgabensysteme multiplizieren Erfahrungswissen und Prozesse im Betrieb. In: Dehnbostel, P./Lindemann, H.-J./Ludwig, Chr. (Hg.): Lernen im Prozess der Arbeit in Schule und Beruf. Münster u.a., S. 301–319

Krogoll, T./Pohl, W./Wanner, Cl. (1988): CNC-Grundlagenausbildung mit dem Konzept CLAUS: Didaktik und Methoden. Frankfurt a.M

Krüger, H.-H./Lersch, R. (1993): Lernen und Erfahrung. Perspektiven einer Theorie schulischen Handelns. Opladen

Künzel, K. (2004): Verborgen, verkannt, vergessen – und bald „vernetzt"? Zur bildungspolitischen Karriere des informellen Lernens. In: Brödel, R. (Hg.): Weiterbildung als Netzwerk des Lernens. Differenzierung der Erwachsenenbildung. Bielefeld 2004, S. 93–122

Kuwan, H. u.a. (2006): Berichtssystem Weiterbildung IX. Integrierter Gesamtbericht zur Weiterbildungssituation in Deutschland. (Durchgeführt im Auftrag des Bundesministeriums für Bildung und Wissenschaft). Bonn und Berlin

Lash, S. (1996): Reflexivität und ihre Doppelungen: Struktur, Ästhetik und Gemeinschaft. In: Beck, U. u.a. (Hg.). Reflexive Modernisierung. Frankfurt am Main, S. 195–286

Lave, J. (1993): Situated learning in communities of practice. In: Resnick, L.B. u.a. (Ed.): Perspectives on socially shared cognition. Washington DC, S. 63–82

Lave, J./Wenger, E. (1991): Situated Learning. Legitimate Peripheral Participation. New York und Cambridge/UK

Lehmkuhl, K. (2002): Unbewusstes bewusst machen. Selbstreflexive Kompetenz und neue Arbeitsorganisation. Hamburg

Loroff, C./Einhaus, J. (2006): Lernprozessbegleitung in der Arbeitsprozessorientierten Weiterbildung. In: Loroff, C. u.a. (Hg.): Arbeitsprozessorientierte Weiterbildung, Bielefeld, S. 266–278

Meyer, R. (2004): Arbeitsprozessorientierte Weiterbildung in Klein- und Mittelbetrieben. Möglichkeiten und Grenzen der Umsetzung am Beispiel der IT-Weiterbildung. In: Dehnbostel, P./Pätzold, G. (Hg.): Innovationen und Tendenzen der betrieblichen Berufsbildung. Zeitschrift für Berufs- und Wirtschaftspädagogik, Beiheft 18, S. 212–221

Meyer, R. (2006): Theorieentwicklung und Praxisgestaltung in der beruflichen Bildung. Bildungsforschung am Beispiel des IT-Weiterbildungssystems. Bielefeld

Meyer, R. (2006): Besiegelt der Europäische Qualifikationsrahmen den Niedergang des deutschen Berufsbildungssystems? in: bwp@-online, Ausgabe Nr. 11, November 2006, S. 1-19

Meyer, R. u.a. (Hg.) (2004): Kompetenzen entwickeln und moderne Weiterbildungsstrukturen gestalten: Schwerpunkt IT-Weiterbildung. Münster u.a.

Molzberger, G. (2002): Informelles Lernen in der Arbeit – wie erforscht man das Alltägliche? Versuch einer Klärung und Annäherung über betriebliche Fallstudien. In: Dehnbostel, P./Gonon, Ph. (Hg.): Informelles Lernen – eine Herausforderung für die berufliche Aus- und Weiterbildung. Bielefeld, S. 59–70

Molzberger, G. (2004): Informelles Lernen und die betriebliche Gestaltung von Lernorganisationsformen – ein Blick auf kleine und mittelständische IT-Betriebe. In: Dehnbostel, P./ Pätzold, G. (Hg.): Innovationen und Tendenzen der betrieblichen Berufsbildung. (ZBW, Beiheft 18). Stuttgart, S. 86–96

Molzberger, G./Schröder, Th. (2007): Lernprozessbegleitung in der IT-Qualifizierung. In: Dehnbostel, P./Lindemann, H.-J./Ludwig, Chr. (Hg.): Lernen im Prozess der Arbeit in Schule und Betrieb. Münster u.a., S. 247–259

Mucke, K. (2006): Durchlässigkeit durch Anrechnung. In: BWP, Jg. 35, Heft 2, S. 5-10

Münch, J. (1970): Beruflicher Bildungsweg. In: Horney, W. u.a. (Hg.): Pädagogisches Lexikon, Erster Band, Gütersloh, S. 296–299

Münch, J. (1990): Lernen am Arbeitsplatz – Bedeutung innerhalb der betrieblichen Weiterbildung. In: Schlaffke, W./Weiss. R. (Hg.): Tendenzen betrieblicher Weiterbildung. Aufgaben für Forschung und Praxis. Köln, S. 141–176

Münch, J. (1995): Personalentwicklung als Mittel und Aufgabe moderner Unternehmensführung. Bielefeld

Negt, O. (1975): Soziologische Phantasie und exemplarisches Lernen. Zur Theorie und Praxis der Arbeiterbildung. Frankfurt a.M./Köln

Negt, O. (1997): Gesellschaftliche Schlüsselqualifikationen. In: Widerspruch. Heft 33, Zürich 1997, S. 84–93

Neß, H. (2007): Generation abgeschoben. Warteschleifen und Endlosschleifen zwischen Bildung und Beschäftigung. Daten und Argumente zum Übergangssystem. Bielefeld

Nestmann, F./ Engel, F./ Sickendick, U. (Hg.) (2004): Das Handbuch der Beratung. Band 1: Disziplinen und Zugänge. Band 2: Ansätze, Methoden und Felder. Tübingen

Neuweg, G. H. (1999): Könnerschaft und implizites Wissen. Zur lehr-lerntheoretischen Bedeutung der Erkenntnis- und Wissenstheorie Michael Polanyis. Münster u. a

Niemeyer, B. (2005): „Neue Lernkulturen" in der Benachteiligtenförderung. In: Niemeyer, B. (Hrsg.): Neue Lernkulturen in Europa? Prozesse, Positionen, Perspektiven. Wiesbaden, S. 77-93

Overwien, B. (2002): Informelles Lernen und Erfahrungslernen in der internationalen Diskussion: Begriffsbestimmungen, Debatten und Forschungsansätze. In: Rohs, M. (Hg.): Arbeitsprozessintegriertes Lernen. Neue Ansätze für die berufliche Bildung Münster u.a., S. 13–36

Overwien, B. (2005): Informelles Lernen: Ein Begriff zwischen ökonomischen Interessen und selbstbestimmtem Lernen In: Künzel, K. (Hg.): Internationales Jahrbuch der Erwachsenenbildung, Heft 31/32, Köln u.a., S. 1–26

Overwien, B./Pregel, A. (2007): Recht auf Bildung. Opladen

Ortmann, G./Sydow, J./Windeler, A. (1997): Organisation als reflexive Strukturation. In: Ortmann, G./Sydow, J./Türk, K. (Hg.): Theorien der Organisation. Die Rückkehr der Gesellschaft. 2. Aufl., Wiesbaden, S. 315–354

Pätzold, G./Lang, M. (1999): Lernkulturen im Wandel. Didaktische Konzepte für eine wissensbasierte Organisation. Bielefeld

Peters, S. (2004): Flankierende Personalentwicklung durch Mentoring. München

Poek, M. (2005): Lernprozessbegleitung von Gruppenarbeit. Zur Entwicklung eines innovativen Konzepts betrieblicher Gruppenarbeit. Unveröffentlichte Diplom-Arbeit. Helmut-Schmidt-Universität Hamburg

Polany, M. (1985): Implizites Wissen. Frankfurt a. M.

Proß, G. (2005): Begleitung und Beratung von Betriebsräten und gewerkschaftlichen Gremien mit dem KomNetz-Kompetenzreflektor. In: Gillen, J. u.a. (Hg.), a.a.O., S. 79–87

Proß, G./Gillen, J. (2005): Der KomNetz-Kompetenzreflektor – Konzept und Praxis der individuellen Beratung von Arbeitnehmerinnen und Arbeitnehmer. In: Gillen, J. u.a. (Hg.), a.a.O., S. 57–77

Rat der Europäischen Union (2004): Entwurf von Schlussfolgerungen des Rates und der im Rat vereinigten Vertreter der Regierungen der Mitgliedstaaten zu gemeinsamen europäischen Grundsätzen für die Ermittlung und Validierung von nicht formalen und informellen Lernprozessen

Rauen, Ch. (Hg.) (2000): Handbuch Coaching. Göttingen

Rauner, F. (1995): Didaktik beruflicher Bildung. In: Dehnbostel, P/Walter-Lezius, H.-J. (Hg.): Didaktik moderner Berufsbildung. Bielefeld, S. 331–357

Rauner, F. (2002): Berufliche Handlungskompetenz – vom Novizen zum Experten. In: Dehnbostel u.a. (Hg.): Vernetzte Kompetenzentwicklung. Alternative Positionen zur Weiterbildung. Berlin, S. 111–123

Rauner, F./Grollmann, Ph./Spöttl, G. (2006): Den Kopenhagen-Prozess vom Kopf auf die Füße stellen. In: Grollmann, Ph./Spöttl, G./Rauner, F. (Hg.): Europäisierung Beruflicher Bildung – eine Gestaltungsaufgabe. Hamburg, S. 321–331

Reich, K. (1996): Systemisch-konstruktivistische Pädagogik. Einführung in Grundlagen einer interaktionistisch-konstruktivistischen Pädagogik. Neuwied u.a.

Reinmann-Rothmeier, G./ Mandl, H. (2001): Lernen in Unternehmen: Von einer gemeinsamen Vision zu einer effektiven Förderung des Lernens. In: Dehnbostel, P./ Erbe, H./ Novak, H. (Hg.): Berufliche Bildung im Lernenden Unternehmen. Berlin, S. 195–216

Rohs, M. (2002): Arbeitsprozessorientierte Weiterbildung in der IT-Branche: Ein Gesamtkonzept zur Verbindung formeller und informeller Lernprozesse. In: Derselbe (Hg.): Arbeitsprozessintegriertes Lernen. Neue Ansätze für die berufliche Bildung. Münster u.a., S. 75–94

Rohs, M. (2004): Lernprozessbegleitung als konstitutives Element der IT-Weiterbildung. In: Rohs, M./Käpplinger, B. (Hg.), a.a.O., S. 133–158

Rohs, M./Käpplinger, B. (Hg.) (2004): Lernberatung in der beruflich-betrieblichen Weiterbildung. Konzepte und Praxisbeispiele für die Umsetzung. Münster u.a.

Rückle, H. (2000): Gruppen-Coaching. In: Rauen, Ch. (Hg.), a.a.O., S. 133–147

Sauter, E. (1999): Risiken und Chancen des Lernens im Arbeitsprozeß. In: Berufsbildung. Europäische Zeitschrift, Nr. 17, Thessaloniki, S. 15–25

Sauter, E. (2003): Strukturen und Interessen. Auf dem Weg zu einem kohärenten Berufsbildungssystem. Bielefeld

Schanz, H. (1992): System der Berufsbildung – Darstellung und Kritik. In: Derselbe (Hg.): Berufspädagogische Grundprobleme. Stuttgart, S. 147–216

Schiersmann, Chr. (1999): Veränderungen der Funktion und Aufgaben des Weiterbildungspersonals vor dem Hintergrund prozessorientierter beruflicher Weiterbildung. In: Arnold, R./Gieseke, W./Nuissl, E. (Hg.): Erwachsenenpädagogik – Zur Konstitution eines Faches. Baltmannsweiler, S. 202–211

Schiersmann, Ch./ Remmele, H. (2004): Beratungsfelder in der Weiterbildung. Eine empirische Bestandsaufnahme. Baltmannsweiler

Schön, D. A. (1983): The reflective practitioner. New York

Schröder, Th. (2004): Arbeitsprozess- und Kompetenzanalysen als Basis der Qualifizierung zum IT-Spezialisten. In: Meyer, R. u.a. (Hg.), a.a.O., S. 207–221

Schröder, Th./Dehnbostel, P. (2007): Arbeits- und Lernaufgaben – eine arbeitsgebundene Lernform für die betriebliche Berufsbildung. In: Dehnbostel, P./Lindemann, H.-J./ Ludwig, Chr. (Hg.): Lernen im Prozess der Arbeit in Schule und Beruf. Münster u.a., S. 291–300

Schüßler, I. (2004): Lernwirkungen neuer Lernformen in der Erwachsenenbildung. In: Zeitschrift Hessische Blätter für Volksbildung. Heft 1, S. 37–50

Sekretariat der Ständigen Konferenz der Kultusminister (2000): Handreichung für die Erarbeitung von Rahmenlehrplänen der Kultusministerkonferenz für den berufsbezogenen Unterricht in der Berufsschule und ihre Abstimmung mit Ausbildungsordnungen des Bundes für anerkannte Ausbildungsberufe. [www.kultusministerkonferenz.de/doc/publ/handreich.pdf]

Severing, E. (1994): Arbeitsplatznahe Weiterbildung. Betriebspädagogische Konzepte und betriebliche Umsetzungsstrategien. Neuwied u.a.

Severing, E. (2006): Europäische Zertifizierungsstandards in der Berufsbildung. In: ZBW, 102. Jg. S. 15-29

Skroblin, J.-P. (2005): Arbeitnehmerorientiertes Coaching – Begleitung und Beratung beruflicher Entwicklungen im Kontext lebenslangen Lernens. In: Gillen, J. u.a. (Hg.), a.a.O., S. 89–108

Sonntag, Kh. (1966): Lernen im Unternehmen. Effiziente Organisation durch Lernkultur. München

Sonntag, Kh./Stegmaier, R. (2007): Arbeitsorientiertes Lernen. Zur Psychologie der Integration von Lernen und Arbeit. Stuttgart

Soziologisches Forschungsinstitut (SOFI) u.a. (Hg.) (2005): Berichterstattung zur sozio-ökonomischen Entwicklung in Deutschland. Wiesbaden

Springer, R. (1999): Rückkehr zum Taylorismus? Arbeitspolitik in der Automobilindustrie am Scheideweg. Frankfurt und New York

Stuber, F./Fischer, M. (Hg.) (1998): Arbeitsprozeßwissen in der Produktionsplanung und Organisation. Anregungen für die Aus- und Weiterbildung. Institut Technik & Bildung der Universität Bremen, ITB-Arbeitspapiere Nr. 19. Bremen

Vespermann, P. (2005): Zertifikat und System – Eine mehrstufige Exploration im IT-Weiterbildungsbereich. Münster u.a.

Wächter, H./Modrow-Thiel, B. (2002): Arbeitsgestaltung als Personalentwicklung. Arbeitsanalyse und die Kritik gängiger Konzeptionen von Personalentwicklung. In: Moldaschl, M. (Hg.): Neue Arbeit – Neue Wissenschaft von Arbeit? Heidelberg, S. 365–382

Walgenbach, P. (2001): Giddens' Theorie der Strukturierung. In: Kieser, A. (Hg.): Organisationstheorien. 4., unveränderte Aufl., Stuttgart u.a., S. 355–375

Wenger, E./ Snyder, W.M. (2000): Communities of Practice: The Organizational Frontier. In: Harvard Business Review, No. 1, 2000, S. 22–25

Weinberg, N. (1999): Lernkultur – Begriff, Geschichte und Perspektiven. In: AG QUEM (Hg.): Kompetenzentwicklung '99. Münster, S. 81–143

Wiemann, G. (1985): Lernstufen und Lernorganisation im „Beruflichen Bildungsweg". In: Zeitschrift für Berufs- und Wirtschaftspädagogik 81 (1985) 8, S. 708–719

Wilke-Schnaufer, J. (1998): Kurzfassung der Arbeits- und Lernaufgabe „Erstellen von Arbeits- und Lernaufgaben" zur Weiterqualifizierung von Ausbildern und ausbildenden Fachkräften. In: Holz, H./Schemme, D. (Hg.): Medien selbst erstellen für das Lernen am Arbeitsplatz. Bielefeld, S. 171–184

Wissenschaftsrat (Hg.) (1997): Duale Studiengänge an Fachhochschulen: Empfehlungen zur Differenzierung des Tertiären Bereichs. Bielefeld

Witthaus, U./Wittwer, W./Espe, C. (Hg.) (2003): Selbst gesteuertes Lernen. Theoretische und praktische Zugänge. Bielefeld

Womack, J.P./Jones, D.T./Roos, D. (1992): Die zweite Revolution in der Autoindustrie. 5. Auflage, Frankfurt/New York

Zimmer, G. (2005): Die Informatisierung der Arbeit erfordert eine expansive Modernisierung der Berufsbildung. In: Elsholz, U. u.a. (Hrsg.): Berufsbildung heißt: Arbeiten und Lernen verbinden! Münster u.a.

Internetadressen:

KMK: http://www.kultusministerkonferenz.de
Projekt KomNetz: http://www.komnetz.de
Projekt ITAQU: http://www.itaqu.de

Waxmann

Peter Dehnbostel,
Hans-Jürgen Lindemann,
Christoph Ludwig (Hrsg.)

Lernen im Prozess der Arbeit in Schule und Betrieb

2007, 338 Seiten, br., 24,90 €, ISBN 978-3-8309-1771-7

Ein neues Selbstverständnis des Bildungspersonals in Schule und Betrieb erfordert neue Lern- und Weiterbildungskonzepte. Das Lernen in und über Arbeit gewinnt immer mehr an Bedeutung. Teamentwicklung, Coaching, Reflexions-Workshops und kompetenzförderliche Arbeitsbedingungen sind heute unverzichtbare Instrumente für alle, die selbstgesteuertes Lernen zur Förderung methodischer, sozialer und humaner Kompetenzen gestalten wollen.

Dieser Band bietet Beiträge zu den zentralen Themen beruflichen Lernens, der Personalentwicklung und Weiterbildung von Lehrern, Ausbildern und Weiterbildnern:

- Berufsbezogene Bildungsstandards, Handlungskompetenz und reflexive Handlungsfähigkeit
- Zum Wandel der Rolle des Bildungspersonals: vom Wissensvermittler zum Lerncoach und Wissensmanager, vom Einzelkämpfer zum Teamarbeiter
- Fortbildungsmodelle und Beratungskonzepte im arbeitsintegrierten und arbeitsbezogenen Lernen
- Didaktik beruflichen Lernens: handlungsorientiert, arbeitsbezogen, aufgaben- und problembezogen, selbstgesteuert.

MÜNSTER · NEW YORK · MÜNCHEN · BERLIN

STUDIENREIHE BILDUNGS- UND WISSENSCHAFTSMANAGEMENT

herausgegeben von Anke Hanft

Band 1

Ulrich Teichler

Hochschulsysteme und Hochschulpolitik

Quantitative und strukturelle Dynamiken,
Differenzierungen und der Bologna-Prozess

2005, 160 Seiten, br., 24,90 €, ISBN 978-3-8309-1566-9

Die quantitative und strukturelle Gestalt des Hochschulwesens gehört seit jeher zu den interessanten wie kontroversen Themen der Hochschulpolitik. Fragen wie die nach einer Erhöhung oder Verringerung der Studierendenquote, nach der europaweiten Vereinheitlichung der Studiengänge (Bologna-Prozess) sowie nach der Qualität des Hochschulstudiums sowohl im innerdeutschen als auch im internationalen Vergleich haben in den vergangenen Jahren an Aktualität gewonnen. Die Zukunft der europäischen Hochschullandschaft im Spannungsfeld von nationalen Besonderheiten und Differenzierungen auf der einen Seite und dem europäischen Trend zur „strukturellen Konvergenz" erscheint offener denn je.

Zu diesem komplexen Themenfeld will diese Studie ebenso informierend wie erklärend beitragen. International und zeitgeschichtlich vergleichend werden Grundzüge des Hochschulwesens vorgestellt, nationale Unterschiede und Entwicklungslinien beschrieben sowie verschiedene Leistungsanforderungen an und politische Konzepte für die Hochschulen aufgeführt. Schlüsselbegriffe bei dieser Diskussion sind einerseits die Expansion der Hochschulen hinsichtlich der Studierendenzahlen, andererseits die Differenzierung von Hochschulformen und Studiengängen – sowohl innerhalb der jeweiligen nationalen Hochschulsysteme als auch auf internationaler Ebene.

Waxmann

MÜNSTER · NEW YORK · MÜNCHEN · BERLIN

Waxmann

Band 2

Hans Pechar

Bildungsökonomie und Bildungspolitik

2006, 148 Seiten, br., 24,90 €, ISBN 978-3-8309-1594-2

Der Begriff „Bildung" hat im deutschen Sprachraum einen besonderen Klang: Bildung gilt als Selbstzweck, nicht als Mittel für andere Zwecke. Dieses Buch thematisiert Bildung aber aus einer ökonomischen und politischen Perspektive. Es wird nach den Kosten von Schulen und Universitäten gefragt. Und diese Fragen werden in einen politischen Kontext gestellt, denn in allen Ländern befindet sich zumindest ein Teil des Bildungswesens in öffentlicher Verantwortung. Der Autor greift die ökonomischen Argumente auf, die in der bildungspolitischen Diskussion laufend an Gewicht gewonnen haben und zeigt zugleich die Grenzen einer „Ökonomisierung" von Bildungseinrichtungen auf.

Diese Analyse umfasst alle Stufen des Bildungssystems, von der vorschulischen Erziehung bis zur Weiterbildung. Der Autor greift dabei eine Reihe hochaktueller bildungspolitischer Problemstellungen auf. Unter anderem diskutiert er die Frage, ob Bildung als öffentliches oder privates Gut zu sehen und von wem sie zu finanzieren ist, und leistet damit einen Beitrag zur Versachlichung der Diskussion über die Einführung von Studiengebühren.

Band 3

Stephan Laske, Claudia Meister-Scheytt, Wendelin Küpers

Organisation und Führung

2006, 170 Seiten, br., 24,90 €, ISBN 978-3-8309-1595-9

Bildungs- und Wissenschaftseinrichtungen als lernende Organisationen besitzen eine andere Logik als „normale" Organisationen und benötigen als relativ lose gekoppelte Systeme (Weick) andere strukturelle Bedingungen und Führungsphilosophien für die eigene Weiterentwicklung. Band 3 der Studienreihe beschäftigt sich mit der schwierigen Aufgabe einer professionellen Steuerung von Bildungs- und Wissenschaftseinrichtungen angesichts der aktuellen komplexen wirtschaftlichen, technologischen und gesellschaftlichen Rahmenbedingungen (und deren Dynamik).

Band 4

Erhard Schlutz

Bildungsdienstleistungen und Angebotsentwicklung

2006, 148 Seiten, br., 24,90 €, ISBN 978-3-8309-1646-8

Bildungsinteressierte haben prinzipiell die Wahl, ob sie einen Kompetenzzuwachs allein durch Eigenleistung erzielen oder sich dabei durch Bildungsdienstleistungen unterstützen lassen wollen. Differenzierter werdende Bedarfe verlangen von Anbietern zudem, Angebote variabler zu gestalten und an innovativen Bildungsdienstleistungen zu arbeiten, die das klassische Seminarangebot ergänzen oder überschreiten.

Indem er bildungswissenschaftliche und betriebswirtschaftliche Aspekte miteinander verbindet, legt dieser Band Grundlagen für eine bedarfsgerechte und innovative Angebotspolitik.

Band 5

Ekkehard Kappler

Controlling

Eine Einführung für Bildungseinrichtungen und andere Dienstleistungsorganisationen

2006, 202 Seiten, br., 29,90 €, ISBN 978-3-8309-1647-5

„Controlling" meint Unternehmenssteuerung. Dies kann erreicht werden, wenn Menschen in Organisationen die Möglichkeiten und Grenzen der (Controlling-)Instrumente einschätzen können.

In Bildungseinrichtungen gibt es eine entfaltete Evaluierungsdebatte und -praxis. Sie hat deutlich gemacht, dass sich nicht alle entscheidenden Informationen in Zahlen ausdrücken lassen. Das soll nicht daran hindern, auch den zahlenmäßigen Ausdruck zu versuchen. Er wird in vielen Fällen hilfreich sein. Von vornherein wahrer als die Sätze ist er nicht. Auch Zahlen erzählen „nur" Geschichten – auf ihre Weise. Die Kommunikation von und über Zahlen und Wörter ist daher das besondere Thema dieses Buches.

Waxmann

MÜNSTER · NEW YORK · MÜNCHEN · BERLIN

Band 6

Margret Bülow-Schramm

Qualitätsmanagement in Bildungseinrichtungen

2006, 154 Seiten, br., 24,90 €, ISBN 978-3-8309-1752-6

Qualitätsmanagement in Bildungseinrichtungen ist seit Mitte der 1990er Jahre eine Kernaufgabe von Bildungseinrichtungen. Finanzmittelknappheit, Standortsicherung und internationaler Wettbewerb sind die Schlagworte, die mit diesem Prozess verknüpft werden.

In diesem Buch geht es darum, die Aufgaben von Qualitätsmanagement sowohl anwendungsnah wie umfassend zu analysieren.

Die Qualität der Angebote der verschiedenen Bildungseinrichtungen bei gleich bleibendem oder sogar sinkendem Etat zu erhöhen ist eine der zentralen Aufgaben des Qualitätsmanagements. Die optimale Nutzung der vorhandenen Ressourcen, der physikalischen Gegebenheiten und der Infrastruktur zur bestmöglichen Versorgung der Region mit Bildungsangeboten ist eine weitere. Und schließlich ist das Messen an anderen Anbietern, das Herausstellen der eigenen Stärken und der Nachweis der Fähigkeit, weltweit konkurrieren zu können ein drittes Feld.

In allen Bereichen ist eine Hinwendung zu ganzheitlichen Konzepten zu beobachten, die hierarchische Qualitätskontrollen ablösen sollen. Der Aufbau und die Inhalte der verschiedenen Qualitätssicherungskonzepte, die Frage ihrer Angemessenheit an die Erfordernisse des Bildungssektors sind Gegenstand der Reflexion. Die behandelten Bildungseinrichtungen reichen vom Kindergarten bis zur Weiterbildung mit jeweils differenten Zielen und Instrumenten. Ihre Analyse, ihr neuester Stand und ihre Handhabung stehen im Mittelpunkt des Buches, um so den Führungskräften und den Machern in Bildungseinrichtungen einen professionellen und kritischen Umgang mit Qualitätsmanagement zu ermöglichen.

Der europäischen Dimension von Qualitätsmanagement wird insbesondere im Hochschulbereich Rechnung getragen, der dabei ist, sich als Vorreiter einer europäischen Gestaltung von Qualitätsmanagement zu profilieren.

Waxmann

MÜNSTER · NEW YORK · MÜNCHEN · BERLIN